Bibliografische Information der Deutschen Nationalbibliothek:

Die Deutsche Bibliothek verzeichnet diese Publikation in der Deutschen National-
bibliografie; detaillierte bibliografische Daten sind im Internet über http://dnb.d-
nb.de/ abrufbar.

Impressum:

Copyright © 2017 GRIN Verlag, Open Publishing GmbH
Druck und Bindung: Books on Demand GmbH, Norderstedt Germany
ISBN: 9783668497832

Dieses Buch bei GRIN:

http://www.grin.com/de/e-book/371938/sinn-einer-reise-erleben-als-touristisches-
motiv-in-der-literatur-vor

Erla Schweitzer

Sinn einer Reise. Erleben als touristisches Motiv in der Literatur vor 1800

GRIN Verlag

Sinn einer Reise.

Erleben als touristisches Motiv in der Literatur vor 1800.

Bachelorarbeit

Im Zwei-Fächer-Bachelorstudiengang Geographie

der Mathematisch-Naturwissenschaftlichen-Fakultät

der Christian-Albrechts-Universität zu Kiel

vorgelegt von

Erla Schweitzer

Kiel, im November 2016

Inhaltsverzeichnis

Abbildungsverzeichnis

Zusammenfassung

Dass die Reisearten sehr unterschiedlich und teilweise auch einander entgegengesetzt sind, zeigt die Geschichte: im Römischen Reich gab es bereits Vergnügungsreisen, im Mittelalter vorrangig Pilgerreisen und zur Zeit des europäischen Adels Bäderreisen (POTT 2007, S. 47). Viele Forscher haben sich bereits mit der Frage, warum Menschen eigentlich reisen, auseinandergesetzt. Das 'Erleben' als touristisches Motiv in der Literatur vor 1800 ist Gegenstand dieser Bachelorarbeit.

Unter Berücksichtigung der Definitionen der zentralen Schlüsselwörter Erleben und Erlebnis sowie Motiv und Motivation summiert sich eine theoretische Grundlage. Diese beinhaltet die Theorie der Reisetriebe sowie die Fluchttheorie. Neben den Schlüsselwörtern Neugier und Entdeckungsdrang, welche Kennzeichen der Theorie der Reisetriebe sind, wird das Modell der Konträr- und Komplementärhaltung sowie das Konzept des Flows als Teile der Fluchttheorie näher erläutert. Die Qualitative Inhaltsanalyse nach Mayring stellt die Untersuchungsmethode. Das methodologische Vorgehen wird durch die deduktive Kategorienbildung und –anwendung verdeutlicht. Neben der theoretischen Grundlage werden empirische Erklärungsansätze zur Bildung des deduktiven Kategoriensystems herangezogen. Es ergeben sich drei Hauptkategorien, das Explorative Erleben, das Biotische Erleben sowie der Flow, und jeweilige Unterkategorien. Ein autobiographischer Brief von Petrarca aus dem Mittelalter sowie Campes Kinder- und Erziehungsbuch *Robinson der Jüngere zur angenehmen und nützlichen Unterhaltung für Kinder* vom Ende des 18. Jahrhunderts sind Gegenstand der Kategorienanwendung sowie der Auswertung und der Interpretation im Rahmen der literarischen Analyse. Petrarca schildert in seinem Brief seinen Aufstieg des 1.900 m hohen Bergs Mont Ventoux. Wenngleich alle Hauptkategorien bei Petrarca nachgewiesen werden, liegt der Schwerpunkt im Natur-Erleben, einer Unterkategorie des Biotischen Erlebens, sowie in der Verbindung zum Flow und seinen Unterkategorien Transzendenz sowie Verlust des Gefühls von Raum und Zeit. Durch bewusste Wahrnehmung seiner Umwelt sowie durch die Verbindung mit seiner körperlichen Aktivität, dem Bergaufstieg, gelingt Petrarca eine Projektion auf seine Innenwelt im Sinne der Transzendenz. Er erlebt dabei häufig den Verlust seines Gefühls für Raum und Zeit und verfällt des Öfteren der Selbstkommunikation. Bei Robinson dagegen liegt der Fokus ausschließlich in der Vielfalt des Explorativen Erlebens. Neben dem Kognitiven Erleben können sowohl das Spezifische Erleben als auch das Diversive Erleben nachgewiesen werden, jedoch keine weitere Hauptkategorie, weder das Biotische Erleben noch der Flow.

Abstract

History shows very different ways of travelling: e.g. in the Roman Empire, there were already journeys for amusement, in the Middle Ages pilgrimages and in the time of the European nobility bathing trips (POTT 2007, p. 47). Many researchers have dealt with the question of why people actually traveled. 'Experience' as a touristic motive in per-1800 literature is the subject of this Bachelor thesis.

The theoretical foundation is based on definitions of the central keywords: experience, motive and motivation. In addition to these keywords the Drive Reduction Theory in combination with travelling and the Escape Theory are presented in more detail: The Drive Reduction Theory in combination with travelling includes curiosity and urge to discover. The model of contrariness and complementarity as well as the concept of flow are characteristics of the Escape Theory.

The qualitative analysis of content according to Mayring is the research method. The methodological approach is illustrated by deductive category assignment and application. In addition to the theoretical basis, empirical explanations are used to form the deductive category system. There are three main categories: the explorative experience, the biotic experience and the flow, as well as their respective subcategories.

An autobiographical letter by Petrarca from the Middle Ages as well as Campes children's and educational book *Robinson der Jüngere zur angenehmen und nützlichen Unterhaltung für Kinder* from the end of the 18th century are the subject of the categories´ application as well as the interpretation in the context of the literary analysis. In his letter, Petrarca describes his climb of the 1.900 metres high Mont Ventoux in Provence. Although all the main categories are documented in Petrarca, the focus is on nature-experience, a subcategory of biotic experience, as well as on the connection to the flow and its subcategories of transcendence, fusion experience and loss of the feeling of space and time. Through his conscious perception of his environment, as well as the connection with his physical activity, namely the climbing of the mountain, Petrarca succeeds in a projection of his inner world in the sense of transcendence. He often experiences the loss of his feeling for space and time and frequently lapses into self-communication. In contrast, the focus of Robinson is exclusively on the exploratory experience. The cognitive experience, the specific experience and the diversity experience can be demonstrated, but none of the other two main categories, neither the biotic experience nor the flow are present in the text.

„Alle bekannten Gesellschaften initialisieren einen Wechsel von Gewöhnlichem und Außer-Gewöhnlichem; fast alle Menschen ergreifen die Gelegenheit, in bestimmten Abschnitten des Lebens aus der Normalität herauszutreten" (HENNIG 1997, S. 89).

1 Einleitung

Die Geschichte, die Philosophie und die Literatur belegen: Menschen reisen. Und dies seit je her[1]. Doch warum? Warum reisen Menschen eigentlich? Worin liegen die Gründe und Ursprünge des Reisens? Welche Kräfte bringen Menschen dazu immer wieder in nicht-alltägliche Erfahrungswelten aufzubrechen? Und welchen Sinn hat eine Reise? Viele Forscher haben sich diese und ähnliche Fragen bereits gestellt (FREYTAG 2014, S. 12-24; FELDMANN 1993, S. IX; KULINAT 2007, S. 97; HENNIG 1997, S. 89; OPASCHOWSKI 1996, S. 33; PETERMANN 1998, S. 124-132; STEINECKE 2011, S.18). Die Forschungslandschaft ist recht unübersichtlich geworden. Viele verschiedene Theorien, Modelle und Konzepte sind in der wissenschaftlichen Tourismusforschung theoretisch entwickelt und zum Teil auch empirisch, unter anderem in Form von Reiseanalyen, untersucht worden[2]. Eine einzelfallübergreifende Erklärung scheint es dennoch nicht zu geben.

Die Zweckhaftigkeit des Reisens zeigt sich in Bäderreisen der Antike, in mittelalterlichen Pilgerreisen sowie in der Kavalierstour der jungen Adligen. Bis in das 18. Jahrhundert hinein unterlagen Reisen biologischen, geographischen, klimatischen oder aber wirtschaftlichen Zwängen; Reisen als Selbstzweck ist bis dahin nahezu unbekannt gewesen (ASMODI 1993, S. 584). Im modernen Alltag ist auch heute wenig Raum für ziel- und zweckloses Dasein. Eine Urlaubsreise kann heutzutage den nötigen Kontrast bieten. Das 'Erleben' spielt hierbei in vielen touristischen Theorien und Modellen eine Rolle und tritt sowohl als Konzept und Motiv oder als Umschreibung eines solchen auf. Die Befreiung von Zwecken im Zusammenhang mit Reisen wird laut Hennig jedoch in der Literatur präziser dargestellt als in der wissenschaftlichen Tourismusforschung (HENNIG 1997, S. 45f.). Unter diesem Gesichtspunkt und im Hinblick auf die oben genannten einleitenden Fragestellungen soll in dieser Arbeit das 'Erleben' als touristisches Motiv in der Literatur vor 1800 untersucht werden. Zur Hinführung des Themas werden eingangs die Schlüsselwörter des Untertitels definiert. Im Anschluss folgt eine theoretische Grundlage, welche einige Theorien, Modelle und Konzepte der wissenschaftlichen Tourismusforschung näher erläutert. Im vierten Kapitel wird die Untersuchungsmethode vorgestellt. Das methodologische Vorgehen erfolgt im fünften Kapitel. Im sechsten Kapitel wird das erarbeitete Kategoriensystem an zwei Werken angewandt: einem Brief von Petrarca aus dem 14. Jahrhundert und einem Kinder- und Erziehungsbuch Ende des 18. Jahrhunderts. Die Ergebnisse werden in der Schlussbetrachtung abschließend dargelegt.

---

[1] siehe Anhang: Kurzer Abriss über die Entwicklung des Reisens in der Literatur
[2] siehe Anhang: Motivgenese

2 Definitionen der Schlüsselwörter

Wie erwähnt, liegt der Fokus dieser Arbeit auf dem 'Erleben' als touristisches Motiv. Zur Themenhinführung werden daher zunächst die beiden Schlüsselwörter des Untertitels, 'Erleben' und 'Motiv', definiert und erläutert[3]. Während der Begriff 'Erleben' eng verknüpft ist mit dem Begriff 'Erlebnis', wird der Begriff 'Motiv' häufig in Verbindung mit dem Begriff 'Motivation' gebracht, sodass auch diese Ergänzungen näher erläutert werden.

2.1 Erleben und Erlebnis

Der Begriff 'Erleben' ist neben dem Begriff 'Verhalten' ein wesentlicher Bestandteil der Definition der Psychologie (FAßNACHT 2000, o.S.). In der Tourismuspsychologie spielt das Erleben ebenfalls eine Rolle. Es ist sowohl Motiv oder Teil bzw. Umschreibung eines solchen als auch Konzept. Bereits die ersten empirischen Analysen deklarierten 'Erlebnisfaktoren' als eine Gruppe von Reisemotiven (vgl. HARTMANN 1962). Seit dem taucht es unter verschiedenen Bezeichnungen als Reisemotiv, Urlaubserwartung bzw. Urlaubsreisemotiv oder als Teil bzw. Umschreibung oder zur näheren Definition eines solchen in den jährlichen ReiseAnalysen[4] auf (vgl. RA 1973-2016). Der aktuellen RA zufolge ist 'Neues erleben' in diesem Jahr sowie bereits seit über 15 Jahren ein eigenes Urlaubsreisemotiv (vgl. RA 2016).

Reinhard Schober[5], stellt das Erleben als keinen Zustand, sondern als einen 'Prozess' dar. Er unterteilt diesen in acht Einzelphasen, welche er idealtypisch als „Verbindungsstück zwischen Motiv und Ziel" ansieht (SCHOBER 1993, S. 137):

1. „Aus dem Bewusstsein nicht oder nur ungenügend befriedigter Wünsche entsteht beim Menschen (dem zukünftigen touristischen Kunden) eine Bedürfnisspannung (oder eine Motivationslage).
2. Das Individuum sucht nach einem geeigneten Ziel, um sein Bedürfnis befriedigen zu können.
3. Die Wahrnehmung dieses Ziels und der damit verbundenen Erlebnismöglichkeiten schafft eine gewisse Vorfreude und allgemeine emotionale Aktivierung.
4. Nach Überwindung von Barrieren, d.h. Problemen, Schwierigkeiten, wird das Ziel erreicht, worauf sich der besondere Zustand des Erlebens einstellt.
5. Eine Intensivierung der Zielerreichung bringt das gesteigerte Erleben, „lustvolle" Lebensgefühl mit sich.
6. In der Regel ist das typische Gefühl des Erlebens oder Erlebnishabens dann eine Zeit lang voll entfaltet, bevor
7. die Erlebnisintensität allmählich absinkt und der Zustand der (psychophysischen) Sättigung eintritt, und schließlich
8. der Organismus in seinen früheren Gleichgewichtsstand zurückgekehrt ist. Erleben ist mit der Sättigung nicht vorbei. Im Unterbewusstsein steht eine jederzeit abrufbare Bildergalerie der Urlaubserlebnisse bereit, die Urlaubserinnerung" (SCHOBER 1993, S. 137f.).

---

[3] siehe Anhang: Definitionen zu den Schlüsselwörtern 'Sinn' und 'Reise'
[4] ReiseAnalyse im Folgenden abgekürzt: RA
[5] Diplom-Psychologe und Inhaber des Instituts für Verhaltensanalyse in München (*1976)

Ausgangspunkt ist nach Schober ein Mangel, eine Unzufriedenheit. Das Individuum ist im Folgenden bemüht diesen Mangel auszugleichen und sein Bedürfnis zu befriedigen. Verschiedene Erlebnismöglichkeiten bereiten ihm dabei Vorfreude und führen zu einer emotionalen Aktivierung. Als Ziel wird ein besonderer Zustand des Erlebens, ein 'lustvolles Lebensgefühl', angesehen. Nachdem im Folgenden die Erlebnisintensität abnimmt und eine psychophysische Sättigung eintritt, leben Urlaubserlebnisse in Form der Urlaubserinnerung im Unterbewusstsein weiter (SCHOBER 1993, S. 137f.). Die psychophysische Sättigung spiegelt sich neben der Erlebnisintensität auch in der 'erlebten Ereignislosigkeit' wider, welche u.a. in Form der 'Langeweile' oder 'Stille' sich ausdrückt (MILLER 1993, S. 232). Schober spricht in seiner Darstellung *(Urlaubs-)Erleben, (Urlaubs-)Erlebnis* (1993) von vier wesentlichen Erlebnisbereichen, die im Urlaub eine Rolle spielen:

1. Das 'Explorative Erleben', welches „das suchende Informieren oder Erkunden, das spielerische Probieren, das Neugierigsein auf etwas Besonderes [...] [beinhaltet und] eine Alternative zum 'langweiligen' Alltag" darstellt (SCHOBER 1993, S. 138; eigene Hervorhebungen).
2. Das 'Soziale Erleben', für welche „die Suche nach einem nicht zu verbindlichen Kontakt mit anderen (z.B. Familien) [charakteristisch ist], um soziale Defizite im normalen Alltag zu kompensieren, ohne daß dies aber in starke soziale Verpflichtungen ausartet" (ebd., S. 138; eigene Hervorhebungen).
3. Das 'Biotische Erleben' umfasst „alle Formen sonst nicht vorhandener, auch ungewöhnlicher Körperreize, [wie z.B.] kalkulierte Gebirgswanderungen" (ebd., S. 138; eigene Hervorhebungen).
4. Das 'Optimierende Erleben' wird als „'sekundärer Erlebnisgewinn' [verstanden, dessen] soziale Verstärkung eines erfolgreichen, eben: erlebnisreichen Urlaubs, durch das soziale Umfeld in der gewohnten Alltagsumgebung, in die der Urlauber wieder zurückkehrt" (ebd., S. 138; eigene Hervorhebungen).

Das 'Erlebnis' ist ein Ereignis im individuellen Leben eines Menschen, welches sich vom Alltag abhebt. Schulze spricht von einer 'Erlebnisgesellschaft': „Intrinsische Motive siegen über extrinsische, Innenorientierung über Außenorientierung" (SCHULZE 2005, S. VII). Subjektive Prozesse betrachtet Schulze in seinen Untersuchungen als moderne Basismotivation einer Erlebnisorientierung. Viele sehen „ein schönes, interessantes, angenehmes, faszinierendes Leben" als 'Sinn des Lebens' an (ebd., S. 22). Die 'Erlebnisorientierung' ist im historischen Vergleich „etwas Neuartiges" (ebd., S. 14). Schulze deklariert sie als „die unmittelbarste Form der Suche nach Glück" (ebd., S. 14). 'Werte der Selbstentfaltung' sowie des 'unmittelbaren Erlebens und Genießens' haben heute nach Schulze bei der Erlebnisorientierung den Vorrang (ebd., S. 22).

2.2 Motiv und Motivation

Der Begriff 'Motiv' ist eng verknüpft mit dem der 'Motivation'. Das Motiv ist Bestandteil der Motivation und wird durch sie aktiviert. Schmude/Namberger verstehen das Motiv als „allgemeinen Antrieb" (SCHMUDE und NAMBERGER 2002, S. 68). Heckhausen[6] definierte das Motiv als situationsübergreifende Disposition, welches Zielzustände positiv oder negativ bewertet und Ziele demzufolge klassifiziert, welche Menschen anstreben und welche vermieden werden. Er verstand Motive als Wertungsdisposition (vgl. HECKHAUSEN 1989). Leser et al. betrachten das Motiv als „psychologischen Impuls" (LESER et al. 1984, S. 139). Gleich begreift das Motiv als einen 'Beweg-Grund', welcher sich im Handeln widerspiegelt und Ausdruck von Regungen der Gefühle ist. Handlungsgrundlage des Bewegens ist ihm zufolge eine Emotion: „Wir bewegen uns körperlich, weil uns seelisch etwas bewegt – und umgekehrt" (GLEICH 1998, S. 190). In enger Verknüpfung mit Motivationszuständen werden Emotionen als grundlegende Antriebskräfte des Menschen und wesentlicher Bestandteil der Motivation angesehen (KULINAT 2007, S. 98). 'Vitalität' versteht Reiss[7] beispielsweise als positive Emotion, 'Ruhelosigkeit' als negative.

Die Motivation wird als ein zielorientierter, kognitiver Prozess angesehen, welcher zunächst durch ein bestimmtes Verhalten aktiviert wird. Sie beschreibt folglich eine Gesamtheit der Bedingungen, die zu einer Handlung führen kann. Sie wird u.a. als „Impuls für eine einzelne Aktivität" aufgefasst (SCHMUDE und NAMBERGER 2002, S. 68). Unterschieden wird zwischen intrinsischer und extrinsischer Motivation. Kennzeichen einer intrinsischen Motivation ist, dass die 'Person' „von innen heraus" motiviert ist, während bei der extrinsischen Motivation die 'Situation' und äußere Einflüsse ausschlaggebend sind. Person und Situation führen dem Grundmodell kognitiver Motivationstheorien zufolge zuerst zur Motivation, später dann zur Handlung, zum Ergebnis und zu den Folgen. Motive, Ziele, Erwartungen und Bewertungen kennzeichnen dabei die Person, Anreize, Gelegenheiten, gesellschaftliche Bedingungen und Veränderungen die Situation (POTT 2007, S. 49; SCHMUDE und NAMBERGER 2002, S. 70; KULINAT 2007, S. 98; KRAUß 1993, S. 85; HECKHAUSEN 1980, S. 29). Bei der Motivation handelt es sich folglich um einen Zustand, in welchem persönliche Motive durch situative Anreize angeregt werden (vgl. RHEINBERG 2002; vgl. HECKHAUSEN 1989). Reiss fasst intrinsisch motivierte 'psychologische Bedürfnisse' als treibende Kraft für die Psyche des Menschen auf und betitelt diese als Grundbedürfnisse (REISS 2009, S. 41f.). Jeder Mensch schreibt diesen psychologischen Bedürfnissen jedoch unterschiedliche Prioritäten zu. Einige Grundbedürfnisse, wie z.B. Essen oder körperliche Aktivität, müssen befriedigt werden um zu überleben, während andere, wie z.B. Neugier dafür da sind, dass wir „das Leben als sinnvoll empfinden" (REISS 2009, S. 43).

---

[6] deutscher Psychologe und Hochschullehrer(1926-1988)
[7] emeritierter Professor für Psychologie und Psychiatrie der Ohio State University (*1947)

Abraham H. Maslow[8] stellt die Hierarchie von Motiven in seiner entworfenen Bedürfnispyramide dar (vgl. Abb. 1).

Abb. 1: Bedürfnispyramide nach Maslow(eigne Darstellung)

In dieser Bedürfnispyramide spiegelt sich die Persönlichkeitsentwicklung wider, welche die physiologischen Bedürfnisse als Fundament, Sicherheit als zweite, soziale Bedürfnisse als dritte, Selbstachtung als vierte und Selbstverwirklichung als fünfte und höchste Position betrachtet. Neben Kaspers fünf Motivationsgruppen (1993) stellt Freyer (1995) für jede Stufe der Bedürfnispyramide ein touristische Beispiele dar (vgl. Tab. 1).

Tab. 1: Bedürfnis, Motivation und touristisches Beispiel (eigne Darstellung)

Maslows Bedürfnisstufe	Kaspers Motivationsgruppe	Touristisches Beispiel
Selbstverwirklichung	Status- und Prestigemotivation, z.B. Wunsch nach Anerkennung	Reisen als Selbstzweck: Vergnügen, Freude, 'Sonnenlust'
Selbstachtung	kulturelle Motivation, z.B. das Sprachenlernen	Reisen als Prestige und gesellschaftliche Anerkennung
Soziales Bedürfnis	interpersonelle Motivation, z.B. die Geselligkeit	Besucherreisen zur Kommunikation
Sicherheitsbedürfnis	psychische Motivation, z.B. der Erlebnisdrang	Reisen zur Sicherung des Grundeinkommens, z.B. zur Regeneration der Arbeitskraft
Grundbedürfnis	physische Motivation, z.B. die Erholung	Reisen zur unmittelbaren Deckung des Grundbedarfs, z.B. Fahrten zur Arbeit

---

[8] Begründer der humanistischen Psychologie (1908-1970)

3   Theoretische Grundlage

Forschungsberichte von Expeditionen großer Entdeckungsreisen des 15. und 16. Jahrhunderts machten einen Anfang für den Weg zur modernen Geographie als wissenschaftliche Disziplin. Fortan wurde sowohl die Natur als auch der Mensch in seiner vorhandenen räumlichen Vielfalt betrachtet, erfasst und typisiert (FREYTAG 2014, S. 12-24). Neben der quantitativen Erschließung von Strukturen und Prozessen im messbaren Raum ('space') ist die Räumlichkeit und somit die Wahrnehmung von Orten und ihre symbolische Bedeutung ('place') Gegenstand der räumlichen Vielfalt. Die inzwischen etwa 60 Jahre alte Tourismusgeographie untersucht neben der Raum- auch die Motiv- und Verhaltensdimension von Reisenden (vgl. FELDMANN 1993; KULINAT 2007; FREYTAG 2014; OPASCHOWSKI 1996; ebd. 1999; STEINECKE 2011).

Wie bereits in der Einleitung erwähnt, haben sich viele Forscher mit verschiedenen Theorien, Modellen, Ansätzen und Konzepten auseinandergesetzt. Anzumerken ist hierbei, dass die Termini, 'Theorie', 'Ansatz', 'Konzept' und 'Modell', nicht immer einheitlich verwendet werden. Häufig werden Theorien auch als Konzepte und diese wiederum auch als Motive aufgefasst. Zu beachten ist außerdem, dass in der Literatur die Begriffe 'Reise', 'Reisen' und 'Urlaub' teilweise synonym verwendet werden.

Während Hennig, Kulinat, Opaschowski und Steinecke sich vornehmlich mit Theorien und Modellen auseinandersetzen, welche das 'Warum' hinter den Reisemotiven versuchen zu ergründen, erläutern Hahn/Kagelmann 24 theoretische Konzepte, unter anderem das bereits in 2.1 vorgestellte Konzept *(Urlaubs-)Erleben, (Urlaubs-)Erlebnis* von Schober (HAHN und KAGELMANN 1993, S. 119-236; HENNING 1997, S. 72-101; KULINAT 2007, S. 97f; PETERMANN 1998, S. 124-132; SCHOBER 1993, S. 137-140; STEINECKE 2011, S.18, 46f.).

Im Folgenden werden die Theorien, Modelle und Konzepte vorgestellt, welche sich auf zwei der vier von Schober definierten Erlebnisbereiche (1993), das Explorative und das Biotische Erleben, beziehen lassen. Die wichtigsten Kennzeichen werden in der Tab. 2 dargestellt.

Tab. 2: Kennzeichen des Explorativen und Biotischen Erlebens (eigene Darstellung)

Kennzeichen Exploratives Erleben	Kennzeichen Biotisches Erleben
Das suchende Informieren oder Erkunden Das spielerische Probieren Das Neugierigsein auf etwas Besonderes Alternative zum 'langweiligen' Alltag 'Wohldosierte' Reize Keine evidenten Gefahren	Alle Formen sonst nicht vorhandener, auch ungewöhnlicher Körperreize: (1) kalkulierte Gebirgswanderungen (2) umfassendes Bräunungserlebnis (3) 'frische Luft-Schnappen' auf einem stürmischen Segeltörn (4) olfaktorische Erlebnisse: unbekannte, 'reiz-volle' Gerüche u.ä.

Als Grundlage einer Reise wird das Reisemotiv angesehen, welches wiederum zu einer Reiseentscheidung führt (BRAUN 1989, S. 15-23; HOPFINGER 2002, S. 142; OPASCHOWSKI 1996, S. 33; STEINECKE 2002, S. 141). Hopfinger betitelt 'Reisemotive' auch als 'Reisebeweggründe'. Demnach ist ein Reisemotiv ein „Beweggrund eines Reiseverhaltens, der als auslösende, richtungsgebende und antreibende Zielvorstellung bewusst oder unbewusst wirken kann. Im Allgemeinen haben Reisende ein Bündel von Beweggründen hinsichtlich ihrer Reise [...]" (HOPFINGER 2002, S. 142). Ottmar L. Braun[9] beschäftigt sich seit seiner Dissertation 1989 mit Reisemotiven. Er versteht unter einem 'Reisemotiv':

> „die Gesamtheit der individuellen Beweggründe, die dem Reisen zugrunde liegen. Psychologisch gesehen handelt es sich um Bedürfnisse, Strebungen, Wünsche, Erwartungen, die Menschen veranlassen, eine Reise ins Auge zu fassen bzw. zu unternehmen. Wie andere Motive auch sind sie individuell verschieden strukturiert und von der sozio-kulturellen Umgebung beeinflußt" (BRAUN 1993, S. 199).

3.1 Theorie der Reisetriebe

Im Zusammenhang mit der Theorie der Reisetriebe wird Plinius der Ältere[10] häufig zitiert: „Die menschliche Natur ist reiselustig und nach Neuem begierig!" (PLINIUS o.J., zit. in OPASCHOWSKI 1999, S. 66). Opaschowski verweist zur Erläuterung der elementaren Grundzüge auf „innere Unruhe und Bewegungsdrang, die Flucht vor dem Alltag und Gewohnten sowie den Wunsch nach der Fremde und Ferne, nach Unbekanntem und Neuen" (OPASCHOWSKI 1999, S. 41; ebd. 1996, S. 33). Angetrieben wird ihm zufolge der Mensch durch den „Wunsch nach Wechsel und Bewegung, Unrast und Abenteuerlust" (ebd. 1999, S. 41; ebd. 1996, S. 33). Diese seien die „heimlichen Triebfedern für die unheimliche Lust am Reisen und Unterwegssein" (ebd. 1999, S. 41). Die 'Begierde' selbst ist definiert als „auf Genuss und Befriedigung, auf Erfüllung eines Wunsches, auf Besitz gerichtetes, leidenschaftliches Verlangen" (BIBLIOGRAPHISCHES INSTITUT GMBH o.J.b, o.S.). Sowohl die Begierde nach Neuem, welche auch als Neugier zu verstehen ist, als auch innere Unruhe und Bewegungsdrang, die Flucht vor dem Alltag und Gewohnten sowie der Wunsch nach der Fremde und Ferne, nach Unbekanntem und Neuen, sprechen Schobers Exploratives Erleben aufgrund einer Übereinstimmung in den Schlüsselwörtern an, sodass sich die Theorie der Reisetheorie zur näheren Untersuchung qualifiziert.

Die Theorie der Reisetriebe, auch bekannt unter 'Reisen als anthropologische Konstante', basiert auf dem inkorrekt gebrauchten Ausdruck des 'Nomadismus', welcher als 'Wander- und Urtrieb' des Menschen in dieser Theorie angesehen wird. Dokumente der Geschichte belegen Völkerwanderungen und Kreuzzüge sowie mittelalterliche Pilgerrei-

---

[9] deutsch-luxemburgischer Journalist und Professor für Psychologie (*1944)
[10] römischer Historiker (etwa 23-79 n. Chr.)

sen, Reisen von Händlern, Handwerksgesellen und Nomaden. Eng verknüpft ist der Begriff Nomadismus mit den Begriffen 'Neugier' und 'Entdeckungsdrang', welche in den folgenden beiden Unterpunkten erläutert werden. Ungeachtet bei dieser Theorie bleiben jedoch soziale Prägungen. Aufgrund seiner Eindimensionalität wird dieser theoretische Ansatz von einigen kritisch betrachtet (HENNIG 1997, S. 38-39; KULINAT 2007, S. 98ff.; PETERMANN 1998, S. 124-132; POTT 2007, S. 49; STEINECKE 2010, S. 30; ebd. 2011, S. 47). Maslows Bedürfnispyramide wird im Zusammenhang mit der Theorie der Reisetriebe ebenfalls häufig zitiert. Verwiesen wird dabei auf die Entwicklung der elementaren, menschlichen Grundbedürfnisse bis hin zur Selbstverwirklichung. Gemäß der Bedürfnishierarchie entspricht die Selbstverwirklichung Unabhängigkeit, Freude sowie Glück und ist mit dem touristischen Beispiel, dem Reisen als Selbstzweck, mit Vergnügen, Freude und 'Sonnenlust' gleichzusetzen (vgl. 2.2; HENNIG 1997, S. 38-39; KULINAT 2007, S. 100; PETERMANN 1998, S. 124-132; STEINECKE 2006, S. 47).

3.1.1 Neugier

Im Mittelalter wurde die 'Neugier' noch als 'curiositas' bezeichnet. Sie gilt seitens der Kirche „als Grenzüberschreitung und oberflächliche Zerstreuung" (GLEICH 1998, S. 88). Sie versuchte „den Menschen in die Ferne zu ziehen" (MARTENS 1986, S. 41).

> „Hauptzweck der Schöpfung war für das Mittelalter das Seelenheil des Menschen, und was der Mensch für sein Seelenheil wissen mußte, lag ihm in der doppelten Offenbarung durch die Heilige Schrift und durch das Buch der Natur immer schon vor Augen. Was er darüber hinaus noch wissen wollte, war für sein Seelenheil nicht nur gleichgültig, sondern sogar schädlich, denn es zog die Aufmerksamkeit von Gott und der eigentlichen Bestimmung des Menschen ab und lenkte sie stattdessen auf irdische Nichtigkeiten" (LOHMEIER 1979, S. 2).

Bis ins Hochmittelalter galt die 'curiositas' als sündhaft (STAGL 1992, S. 141). Sie wurde als „eine Tochter der Acedia, der schweifenden Unruhe des Geistes im Zeichen der Sünde" gesehen (MARTENS 1986, S. 41)[11]. Seit dem Ende des Spätmittelalters und Beginn der Frühen Neuzeit wird die theoretische Neugierde und die damit verbundenen Ortveränderungen jedoch positiver gesehen. Heute wird sie als „menschlicher Wissensdrang" verstanden (GLEICH 1998, S. 88). Sie stellt sowohl ein Interesse an Wissen und somit auch an Bildung als auch ein Interesse an Neuem und an neuen Eindrücken dar. Während im Mittelalter das Reisen aus Neugier noch als zweifelhaft galt, wurde das Reisen aus Neugier während der Renaissance im 15. und 16. Jahrhundert immer mehr zu einem legitimen Motiv. Die zweifelhafte Neugier des Mittelalters wandelte sich zu einem

---

[11] 'Memorabilia', 'insignia', 'curiosa', 'visu ac scitu digna', das 'Merkwürdige', 'Auffallende', 'Kuriose', 'Sehens-' und 'Wissenswerte', gelten bis dato als „Phänomene, die sich durch ihre Besonderheit aus dem Erfahrungsraum abhoben und sich der Aufmerksamkeit aufdrängten" (STAGL 1992, S. 146).

'Entdeckungsdrang'. Der Reisende galt fortan als „Entdecker der Welt und als Sammler und Lieferant von Tatsachen" (LEED 1993, S. 194).

Die Neugier bzw. Neugierde wird im Folgenden hauptsächlich von Psychologen weiter untersucht. Sie wird zunächst als eine „exploratorische Motivation" und „Instinkt" angesehen, welcher mit einem „Antrieb, neue Reize zu erkunden" verknüpft ist (REISS 2009, S. 58f.). Später wird Neugier als ein 'Bedürfnis nach Kognition' angesehen. Dieses ist, nach Reiss, eines der 16 psychologischen Bedürfnisse, welche jeder Mensch in sich trägt; „ein Grundbedürfnis [...], das dem Leben einen Sinn verleiht" (REISS 2009, S. 43). Differenziert wird zwischen zwei Neugierverhalten; einem spezifischen und einem diversiven. Während neuartige Reize in der Umwelt Ursache für ein spezifisches Neugierverhalten sein können, gelten reizarme, monotone Situationen, wie z.B. 'Langeweile' als Auslöser für diversives Neugierverhalten (SCHMALT und LANGENS 2009, S. 173). 'Langeweile' und 'Verwirrung' werden daher als negative Emotionen der 'Neugier' definiert, 'Erstaunen' bzw. 'Staunen' als positive. 'Ideen' gelten für die 'Neugier' als intrinsische Wertvorstellung (KELLER 1981, S. 142f; REISS 2009, S. 48, 55).

3.1.2 Entdeckungsdrang

Wie bereits erwähnt, galt Neugier im Mittelalter noch als zweifelhaft. Erst mit der Renaissance im 15. und 16. Jahrhundert wandelte sich die Bedeutung zum positiv konnotierten 'Entdeckungsdrang' bzw. 'Entdeckerdrang'. Synonyme sind 'Erlebnisdrang' und 'Forschungsdrang'. Kennzeichen sind zum Teil anspruchsvolle Aufgaben und selbst gesteckten Ziele, welche bis zur Selbstverwirklichung reichen (SCHNELL 2016, S. 80). Als 'Erlebnisdrang' gehört er zur psychischen Motivation (vgl. KASPAR 1993).

3.2 Fluchttheorie

Die bei Opaschowski bereits angesprochene „Flucht vor dem Alltag und Gewohnten" bietet dem Menschen neben einem Ausstieg aus dem Alltag auch die Möglichkeit zur Selbstverwirklichung (OPASCHOWSKI 1999, S. 41; ebd. 1996, S. 33). Reisen werden daher von einigen Forschern als eine Flucht aus den Zwängen eines von ihnen als unwirtschaftlich geschilderten monotonen Alltags angesehen. Sie verweisen auf gesuchte Gegensätze, welche im Kontrast zum Alltag stehen (KULINAT 2007, S. 99; HENNIG 1997, S. 72-102).
Das Modell der Konträr- und Komplementärhaltung, welches u.a. von Opaschowski, Steinecke und Petermann in Bezug auf die 'Fluchttheorie' zitiert wird, wird im Folgenden zum besseren Verständnis dieser Theorie kurz dargestellt (OPASCHOWSKI 1996, S. 99; PETERMANN 1998, S. 124-132; STEINECKE 2011, S. 46). Beispiele der angesprochenen

Gegensätze bieten die Theorie der nicht-alltäglichen Welten mit der 'Idee der Metamorphose' sowie die Konzepte 'Authentizität' und 'Flow'. Während nicht-alltägliche Welten in Form von Fest und Ritual als 'gesellschaftliche Ventilfunktion' angesehen werden und dem Urlauber bzw. Reisenden die Möglichkeit bieten in eine andere soziale Rolle zu schlüpfen, weist das Konzept Authentizität auf die Echtheit von Erfahrungen und Erlebnissen hin. Traditionen, wie z.B. Volksfeste, spielen hierbei eine große Rolle[12]. Der Flow kann eine besondere Art einer Flucht darstellen. Das Konzept wird unter 3.2.2 dargestellt.

3.2.1 Modell der Konträr- und Komplementärhaltung

Kennzeichen der Konträrhaltung ist die 'Weg-von-Motivation', während die Komplementärhaltung durch die 'Hin-zu-Motivation' charakterisiert wird (STEINECKE 2011, S. 46f.; PETERMANN 1998, S. 125ff.). Merkmale der Konträrhaltung sind der „Wunsch nach Abwechslung" und „Reisemotive wie Entspannung, Ablenkung, Freiheit und Kontrast zum Alltag" (STEINECKE 2011, S. 46, PETERMANN 1998, S. 125ff.). Die Konträrhaltung spiegelt sich im Berufsalltag wider, welcher sowohl von physischer als auch psychischer Beanspruchung, Frustration und Entfremdung der Arbeitssituation gekennzeichnet ist (STEINECKE 2011, S. 46f; vgl. ENZENSBERGER, H.M. 1964; PETERMANN 1998, S. 125ff.; PRAHL, H.-W. & A. STEINECKE 1979, S. 239-241). „Die Suche nach etwas" steht hierbei im Vordergrund (OPASCHOWSKI 1996, S. 101). Hierbei handelt es sich um einen Grenzübertritt, welcher sich aus dem Gewohnten, dem Alltag, hin zum Ungewohnten, dem Neuen, vollzieht. Nach Opaschowski liegt den angesprochenen Grenzübertritten ein Verlangen zugrunde, welches den Wunsch äußert, der eigenen Zeit und Umwelt zu entfliehen. In der Abwendung vom Alltag liegt zudem die Sehnsucht nach Neuem (OPASCHWOSKI 1996, S. 34, 258; PETERMANN 1998, S. 125ff.). Den Mangel, der der Konträrhaltung zugrunde liegt, versucht die Komplementärhaltung aufzufangen. Ihr Kennzeichen ist die „Möglichkeit zur Selbstverwirklichung", welche bereits in Maslows Bedürfnispyramide unter 2.2 erläutert wurde (STEINECKE 2011, S. 47).

Während Steinecke die Konträr- und Komplementärhaltung als ein stark vereinfachtes Modell der touristischen Motivstruktur beschreibt, kritisieren Sozialpsychologen diesen dichotomischen Ansatz. Nach ihnen hat die Urlaubsreisemotivation einen komplexeren und mehrdimensionalen Charakter (RUDINGER und SCHMITZ-SCHERZER 1975, S. 4-17; STEINECKE 2006, S. 46f.).

---

[12] Nähere Information zur Theorie der nicht-alltäglichen Welt und dem Konzept Authentizität: siehe Anhang

3.2.2 Flow

Im Alltag ist der Mensch häufig seelisch und vor allem auch körperlich unterfordert. Oft fehlt ihm die Möglichkeit zur Selbstbetätigung. Eine Reise kann ihm dagegen den nötigen Freiraum verschaffen sich und seinen Körper in einer begrenzten Zeit herauszufordern. Indem er bewusst auf gewohnten Komfort verzichtet und sich eigene Ziele setzt, ergibt sich für ihn die Möglichkeit des psychischen und physischen Erlebens (ANFT und HEß 1993, S. 354; AUFMUTH 1989, S. 18-55; STEINECKE 2006, S. 49). Der Flow kann somit bewusst auf einer Reise angestrebt werden als auch Nebenprodukt sein. Die Auseinandersetzung mit der Verbindung von Körper und Sinnen spielt bereits in den Pilgerreisen seit dem Mittelalter eine Rolle. Der persönliche Heilsgewinn und der Drang den Spuren ihres Erlösers zu folgen, sind Motive der Pilger, die sich auf die Reise zu 'Heiligen Orten' begeben (HERBERS 1986, S. 23, 31ff.; WOLF 1989, S. 83).

In den 60er Jahren stellt Knebel die Theorie auf, wonach der Mensch mit optischen und akustischen Reizen so überflutet wird, dass er als Ausweg das Ausweichen auf 'Gebiete kinästhetischer Empfindungen' anstrebt (KNEBEL 1960, S. 99). Einer anderen Theorie zufolge, sehne sich der Mensch nach 'Bewegungsempfindungen'. Opaschowskis Ansicht zufolge bietet z.B. das Autofahren eine Möglichkeit rauschartige Zustände auszulösen. Neben dem Nervenkitzel, dem 'Thrill', kann das Gefühl eigener Macht und teilweise auch Grenzenlosigkeit erlebt werden. Hierbei kann eine Sucht nach neuen Bewegungsgefühlen als Ausgleich und Ventil für sinnliche Reizüberflutungen auftreten (OPASCHOWSKI 1999, S. 51, 237). Edensor verfolgt unter dem Titel *Embodied Tourism* eine Perspektive auf den Tourismus, welche ebenfalls den Körper und seine Sinne in den Fokus stellt (EDENSOR 2009, S. 308). Tätigkeiten wie Bergsteigen und Klettern zählen neben einfachen Wanderungen, Gleitschirmspringen, Wildwasserschwimmen, Bungee-Springen, Schachspielen, Operieren und Programmieren zu solchen, die, sobald sie ausgeführt werden, das Potential haben Genuss zu induzieren. Kennzeichen dieses Genusses ist hierbei, dass der Handelnde so stark auf seine Tätigkeit konzentriert ist, dass er sein Zeitgefühl verliert und Denken und Handeln zu einer Einheit verschmelzen. Mihaly Csikszentmihalyi[13] spricht vom 'Flow'. Der Begriff des Flows entstammt einem Bericht eines Bergsteigers, der sich über seine innere Befriedigung und das Gefühl der Kontinuität während des Kletterns wie folgt äußert:

> „Der Zweck dieses Fließens ist, im Fließen zu bleiben, nicht Höhepunkte oder utopische Ziele zu suchen, sondern im 'flow' zu bleiben. Es ist keine Aufwärtsbewegung, sondern ein kontinuierliches Fließen; aufwärts klettert man nur, um den 'flow' in Gang zu halten. Es gibt keine andere Begründung für das Klettern, als das Klettern selbst; es ist eine Selbstkommunikation" (CSIKSZENTMIHALYI 1985, S. 73).

---

[13] US-amerikanischer Psychologe (*1934)

Im Deutschen sprechen viele Forscher von einem 'Flow-Erlebnis'. Es handelt sich hierbei folglich um eine Form von intrinsischer Motivation, bei der sich entsprechende Erfolgs- und Glückserlebnisse einstellen. Nach extremer körperlicher Anstrengung und Belastung werden die Sinne des Handelnden besonders angeregt. Denken und Handeln verschmelzen im Folgenden zu einer Einheit, zu einem Genuss. Hierbei fluten Endorphine den Körper (ANFT 1993, S. 141f., BRAUN 1993, S. 205; GLEICH 1998, S. 192; HENNIG 1997, S. 111; MUNDT 2013, S. 137; STEINECKE 2011, S.48, 127). Das Gefühl der Freude, Begeisterung, die starke Konzentration auf relevante Reize, die Tätigkeit als Herausforderung, das Gleichgewicht von Anforderung und Können, die Kontrolle, die Prozesshaftigkeit, die Bewegung im Fluss, der Verlust des Gefühls für Zeit und Raum, das seltene Vergessen der Alltagssorgen sowie die Transzendenz, Verschmelzungserfahrung als auch der Wunsch nach Wiederholung sieht Anft als 'Flow-Erlebniskomponenten' (ANFT 1993, S. 142).

In seltenen Fällen steigert sich diese völlige Hingabe bis zur Erfahrung von 'sinnlicher Transzendenz'. Selbstkommunikation kann auf diese Weise in besonderer Art erfahren werden. Die Spannungsfelder zwischen Natur- und Gemeinschaftserlebnis, Erholung und Risiko, Stimulierung und 'Thrill' sowie das Zeiterleben in der Steigerung des physiologischen und psychologischen Stresserlebens spielen hierbei eine Rolle (ANFT und HEß 1993, S. 351f.; LEED 1993, S. 91; MILLER 1993, S. 232; STEINECKE 2006, S. 49).

Das 'Zeiterleben' kann dabei auf emotionaler Ebene subjektiv erlebt werden, z.B. in Form des Flows oder aber auch der Langeweile. Während der Flow Einfluss auf die objektive Dauer wie z.B. den Tag-und-Nacht-Rhythmus oder einen von der Aktivität bestimmten Rhythmus hat, kennzeichnet Langeweile das innere Erleben. Sie wird vom Individuum bezogen auf das innere Erleben als 'leere Zeit' und äußerlich als 'leeres Geschehen' sowie 'als das Ergebnis von Ereignislosigkeit' angesehen (MILLER 1993, S. 232)[14].

4 Untersuchungsmethode

Die Qualitative Inhaltsanalyse nach Mayring (2000) ist ein Verfahren zur systematischen Textanalyse, welche regelgeleitet und nachvollziehbar Materialien auf eine Fragestellung hin interpretiert und auswertet. Das zentrale Instrument zur Darstellung des Materials ist ein Kategoriensystem. Hierbei wird zwischen deduktiver Kategorienanwendung und induktiver Kategorienentwicklung je nach Ausrichtungsschwerpunkt differenziert. Diese beiden Verfahren können sowohl einzeln angewandt als auch kombiniert werden, sodass sich auch mehrere Kategoriensysteme ergeben können. Der Begriff „kategoriengeleitete Textanalyse", so Mayring selbst, sei daher zutreffender (MAYRING 2010, S. 13).

---

[14] Nähere Informationen zum Zeiterleben siehe Anhang.

Mayrings vorgeschlagene Arbeitsschritte dienen dabei grundsätzlich als Hilfestellung, sollten aber gegebenenfalls angepasst werden (vgl. MAYRING 2007):

1. Festlegung des Materials
2. Analyse der Entstehungssituation
3. Formale Charakteristika des Materials
4. Richtung der Analyse bestimmen
5. Theoriegeleitete Differenzierung der Fragestellung
6. Bestimmung der Analysetechniken, Festlegung des konkreten Ablaufmodells
7. Definition der Analyseeinheiten
8. Analyseschritte mittels des Kategoriensystems:
   Zusammenfassung, Explikation, Strukturierung;
   Rücküberprüfung des Kategoriensystems an Theorie und Material
9. Interpretation der Ergebnisse in Richtung der Fragestellung;
   Anwendung der inhaltsanalytischen Gütekriterien

Bei der Beschreibung des Ausgangsmaterials empfiehlt Mayring die Entstehungssituation zu analysieren sowie formale Charakteristika miteinzubeziehen (vgl. Arbeitsschritt 1-3). Bei der Bestimmung der Richtung der Analyse werden der Fokus der Inhaltsanalyse festlegt sowie eine Fragestellung herausgearbeitet (vgl. Arbeitsschritt 4-5). Im Folgenden wird die zur Kategorienbildung notwendige Analysetechnik bestimmt.

Bei der deduktiven Kategorienbildung liegen schon vorher festgelegte, theoretisch begründete Auswertungsaspekte im Vordergrund. Entsprechend der 'Strukturierung' als Analysetechnik erfolgen zunächst die Definitionen der Kategorien, die Bestimmung von Ankerbeispielen sowie das Aufstellen von Kodierregeln auf Basis einer theoretischen Grundlage. Im Anschluss wird dieses vorab gebildete Kategoriensystem dann 'von oben nach unten' am Material angewandt, sodass dieses Verfahren auch als ein 'top-down'-Prozess angesehen wird.

Bei der induktiven Kategorienentwicklung werden die Kategorien 'von unten nach oben', also 'bottom-up', entwickelt. Hierbei stehen die 'Zusammenfassung' und die 'Explikation' als Analysetechniken zur Wahl. Durch Paraphrasierung wird das Material zusammengefasst und Kategorien aus dem Sinngehalt der Textstellen abgeleitet. Eine Kategorienbildung erfolgt erst am Ende.

Im Falle einer Kombination beider Verfahren, kann sowohl zunächst deduktiv als auch induktiv gearbeitet werden, ehe das jeweils andere Verfahren angeschlossen wird. Mayring empfiehlt in jedem Fall ein konkretes Ablaufmodell festzulegen (vgl. Arbeitsschritt 6).

Zur Definition der Analyseeinheiten stehen die drei angesprochenen Verfahren zur Wahl: die Strukturierung, die Explikation sowie die Zusammenfassung. Alle drei Verfahren können auch gleichzeitig Bestandteil einer einzigen Inhaltsanalyse sein, sie schließen sich gegenseitig nicht aus und können frei kombiniert werden. Bei der 'Strukturierung' sollen bestimmte Aspekte aus dem Material herausgefiltert und ein Kategoriensystem mit Kategorien, Ankerbeispielen (konkrete Textstellen, die eine Kategorie prototypisch beschreiben) und Kodierregeln (dienen der eindeutigen Zuordnung von Textstellen) erstellt werden. Hierzu werden die Kategorien von der Theorie abgeleitet und definiert. Die 'Explikation' wird als Verfahren herangezogen um unverständliche Textstellen zu erklären. Hierzu wird zusätzliches Material, entweder aus benachbarten Textstellen (enge Explikation), oder aus anderen Quellen (weite Explikation) herangezogen. Die 'Zusammenfassung' hat eine Reduktion des Materials unter Erhaltung der wesentlichen Aspekte als Ziel. Selektionskriterien, welche vorab auf Grundlage der Fragestellung und der Literaturanalyse erstellt wurden, werden bei der Analyse des Textmaterials berücksichtigt. Hierbei werden inhaltstragende Textstellen paraphrasiert. Paraphrasen entstehen durch Kürzung des Inhalts, ausschmückende Textphrasen entfallen dabei. Durch Reduktion werden die Paraphrasen schließlich zu Kategorien zusammengefasst. Die Bezeichnung der Kategorie ist dabei meist ein Begriff oder Wort und entstammt oft dem Text (vgl. Arbeitsschritt 7).

Im Anschluss erfolgt eine iterative Überarbeitung des jeweiligen Kategoriensystems, sodass eine Nachvollziehbarkeit gegeben ist (vgl. Arbeitsschritt 8). Im Falle der Kombination des deduktiven und induktiven Verfahrens stellt die Anwendung der jeweils kombinierten Methode ebenfalls eine solche Überarbeitung des jeweiligen Kategoriensystems dar. Textstellen, die sich nicht in das bisher erhobene Kategoriensystem einordnen lassen, erfordern die Bildung von neuen Kategorien (vgl. induktive Kategorienentwicklung). Abschließend erfolgt unter Anwendung des Kategoriensystems und unter Berücksichtigung der Theorie und Fragestellung bzw. der Literaturanalyse und Fragestellung die Auswertung und Interpretation des Materials (vgl. Arbeitsschritt 9). Hierbei werden die inhaltsanalytischen Gütekriterien, wie Objektivität, Reliabilität und Validität berücksichtigt (vgl. MAYRING 2000; ebd. 2007; RAMSENTHALER 2013, S. 23-42).

5 Methodologisches Vorgehen

Neben Schobers bereits hervorgehobenen beiden Erlebnisbereichen, das Explorative und das Biotische Erleben, wird auch der Flow als eigene Hauptkategorie aufgefasst. Während das Explorative Erleben die Sinne anspricht, umfasst das Biotische Erleben ungewöhnliche Körperreize. Der Flow kann, wie in 3.2.2 bereits erläutert, ein Verbindungsstück zwischen Körper und Sinne darstellen. Er trägt daher ebenfalls zur 'Vielfalt des Erlebens' bei. Gemäß der deduktiven Kategorienbildung und im Rahmen der 'Strukturierung' werden Definitionen, Ankerbeispiele und Kodierregeln zunächst der theoretischen Grundlage entnommen und in ein vorläufiges, deduktives Kategoriensystem kopiert[15]. Im Anschluss erfolgt die deduktive Kategorienanwendung unter inhaltsanalytischen Regeln am literarischen Material, sodass auch später eine regelgeleitete Interpretation gewährleistet und die Arbeit jeder Zeit nachvollzogen werden kann. Die Auswertung und Interpretation des Materials erfolgen im Anschluss[16].

5.1 Deduktive Kategorienbildung

Während das Explorative Erleben die erste Hauptkategorie darstellt (A1), tragen die dazugehörigen Schlüsselbegriffe, Erlebnisdrang, Entdeckungsdrang, Reiselust und Begierde nach Neuem, Bedürfnis nach Kognition, spezifisches Neugierverhalten, diversives Neugierverhalten und erlebte Ereignislosigkeit, zur Bildung einer eigenen Unterkategorien bei:

A1_Exploratives Erleben

A1a_Kognitives Erleben   A1b_Spezifisches Erleben   A1c_Diversives Erleben

Mit Hilfe ihrer Explikationen können entsprechende Kodierregeln erstellt werden[17].

Das Biotische Erleben stellt die zweite Hauptkategorie (A2) dar. Der von Schober in Bezug auf das Biotische Erleben definierte 'ungewöhnliche Körperreiz' kann ähnlich wie 'neuartige Reize' (vgl. spezifischen Neugierverhalten) als eine Veränderung gegenüber dem Gewohnten betrachtet werden. Er kann je nach Grad der körperlichen Aktivität und je nach Umgebung unterschiedlich erlebt werden. Die vier angegebenen Beispiele, kalkulierte Gebirgswanderungen, umfassendes Bräunungserlebnis, 'frische Luft-Schnappen' auf einem stürmischen Segeltörn sowie olfaktorische Erlebnisse, wie unbekannte, 'reiz-volle' Gerüche u.ä., weisen vier verschiedene Richtungen auf. Während sie als Ankerbeispiele übernommen werden können, fehlen eingrenzende Definitionen um Kodierregeln aufzustellen und somit Abgrenzungsprobleme zu vermeiden. Herangezogen werden neben der

---

[15] siehe Anhang: vgl. Schritt 1- 3 im vorläufigen deduktiven Kategoriensystem
[16] siehe Anhang: Ablaufmodell
[17] siehe Anhang: vgl. Erweiterung des Kodierleitfadens, 2. und 3. Schritt am Explorativen Erleben

theoretischen Grundlage empirische Erklärungsansätze[18], welche sich in Schlüsselwörtern und Begriffsassoziationen mit Schobers Beispielen decken. Ihre Explikationen ergänzen die fehlenden Definitionen und Kodierregeln im vorläufigen Kategoriensystem[19].

Kalkulierte Gebirgswanderungen stellen demzufolge als Körperliche Aktivität die erste Unterkategorie dar (A2a). Durch die fehlende Definition zum 'umfassenden Bräunungserlebnis' bei Schober ergeben sich aus der theoretischen Grundlage zwei sehr verschiedene Explikationen; zum einen die des touristischen Beispiels für Selbstverwirklichung, welche als 'Prestige-Erleben' bezeichnet werden könnte, und zum anderen die der Erholung. Für das 'frische Luft-Schnappen' und für die 'olfaktorischen Erlebnisse' ergeben sich aus der theoretischen Grundlage keine Explikationen[20]. Mit Hilfe der empirischen Erklärungsansätze kann sowohl die Mehrdeutigkeit des 'umfassenden Bräunungserlebnis' bestätigt (A2b und A2c) als auch die nötige Definition zur eigenen Unterkategorie des Beispiels 'frische Luft-Schnappen' gegeben werden (A2d)[21]. Für das Beispiel 'olfaktorische Erlebnisse' konnten weder bei den theoretischen noch bei den empirischen Erklärungsansätzen nähere Angaben herangezogen werden, sodass keine entsprechende Unterkategorie definiert werden konnte. Demnach ergeben sich die vier folgenden Unterkategorien für das Biotische Erleben:

A2_ Biotisches Erleben

A2a_Körperliche Aktivität	A2c_Erholung/Entspannung
A2b_Prestige-Erleben	A2d_Natur-Erleben[22].

Der in 3.2.2 definierte Flow, welcher bei einer nicht-alltäglichen Aktivität, erlebbar wird, stellt die dritte Hauptkategorie dar (A3). Die Flow-Erlebniskomponenten können separat oder in Kombination auftreten und stellen eigene Unterkategorien dar. Vorangehen muss ihnen jedoch eine Aktivität, welche den Flow auslöst. Demnach ergeben sich die sechs folgenden Unterkategorien für den Flow:

A3_Flow

A3a_Gefühl der Freude	A3d_Vergessen der Alltagssorgen
A3b_Starke Konzentration auf relevante Reize	A3e_Transzendenz
A3c_Verlust des Gefühls für Zeit und Raum	A3f_Wunsch nach Wiederholung

---

[18] siehe Anhang: Studie von Hartmann (1962); ReiseAnalysen 1973, 1980, 1990 des Starnberger Studienkreis für Tourismus; Darstellung nach Opaschowski (1996); ReiseAnalysen 2000, 2004, 2009 sowie 2015 der FUR

[19] siehe Anhang: vgl. Erweiterung des Kodierleitfadens, 2. und 3. Schritt am Biotischen Erleben

[20] siehe Anhang: vgl. Erweiterung des Kodierleitfadens, 2. Schritt am Biotisches Erleben

[21] siehe Anhang: vgl. Erweiterung des Kodierleitfadens, 3. Schritt am Biotisches Erleben

[22] siehe Anhang: vgl. Erweiterung des Kodierleitfadens, 2. und 3. Schritt am Biotisches Erleben

5.2 Deduktive Kategorienanwendung

Nachdem nun auf Basis der theoretischen und empirischen Erklärungsansätzen die Kategorien definiert, Ankerbeispiele bestimmt und mit Hilfe der Explikation Kodierregeln aufgestellt wurden, wird das deduktive Kategoriensystem am literarischen Material angewandt und geprüft.

Neben einem Brief des italienischen Dichter Francesco Petrarca[23] (1304-1374) aus dem Mittelalter ist Joachim Heinrich Campes[24] (1746-1818) zweiteiliges Kinder- bzw. Erziehungsbuch *Robinson der Jüngere zur angenehmen und nützlichen Unterhaltung für Kinder*[25], welches 1779/1780 von veröffentlicht wurde, Gegenstand der literarischen Analyse. Petrarcas Brief aus dem 14. Jahrhundert ist an seinen Pariser Professor Francesco Dionigi von Borgo San Seplocro adressiert. Inhalt dieses autobiographischen Briefes ist die Schilderung über den Aufstieg des Mont Ventoux, einem 1.900m hohen Berg in der französischen Provence. Bei *Robinson der Jüngere* handelt es sich um eine freie Übersetzung und Bearbeitung des englischen Volksromans für Erwachsene *Robinson Crusoe* (1719) von Daniel Dafoe. In Campes *Robinson der Jüngere* erzählt ein Hausvater Kindern in dreißig Abendgesprächen Erlebnisse von Robinson: wie er aufwächst, seine Reise antritt und erlebt (vgl. CAMPE 1981, STACH 1970, S. 7, 14). Zur deduktiven Kategorienanwendung werden zunächst der Vorbericht sowie die ersten beiden Abende herangezogen, da diese Robinson als Person und seine Motivation zur Reise verdeutlichen.

Das Explorative und das Biotische Erleben sowie der Flow und die dazugehörigen Unterkategorien aus dem vorläufigen deduktiven Kategoriensystem werden mit Hilfe der 'Zusammenfassung' am literarischen Material angewandt. Unter Berücksichtigung der theoretischen Grundlage sowie dem Interpretationsfokus stellt die 'Vielfalt des Erlebens' in diesem Fall das Selektionskriterium. Im ersten Schritt werden Textstellen, die sich aufgrund von Schlüsselwörtern, die das 'Erleben' betreffen, qualifizieren, paraphrasiert und schließlich einer Kategorie zugeordnet. An dieser Stelle kann auch von einem 'induktiven' Arbeiten gesprochen werden. Zur Nachvollziehbarkeit der Kategorienzuordnung bzw. -anwendung erfolgt eine kurze Begründung. Inwieweit die theoriegeleitet entwickelten Kategorien greifen, wird dadurch deutlich. Diese Kategorienanwendung ist folglich zugleich eine Überprüfung der deduktiven Kategorienbildung[26].

---

[23] siehe Anhang: Zeit und Leben von Petrarca
[24] siehe Anhang: Zeit und Leben von Campe
[25] nachfolgend: *Robinson der Jüngere*
[26] siehe Anhang: vgl. deduktives Kategoriensystem

6 Literarische Analyse

Da bis ins Mittelalter die 'curiositas' als sündhaft galt und sich ihre Bedeutung erst mit Beginn der Frühen Neuzeit wandelt, liegt der Fokus zunächst auf einem Brief dieser Zeit:

> „Der erste uns bekannte Mensch des Mittelalters [...], der die Bergbesteigung aus bloßer Neugier und zu eigenen Vergnügen vorgenommen hat [...]. Seine Beschreibungen des neuen Natur- und Landschaftserlebens in der Bergwelt gelten bis heute als erstes Zeugnis der touristischen Literatur. Den Spuren Petrarcas zogen viele nach als 'Pilger seines Geistes'" (vgl. MILLIET 1923, S. 3-30, zit. in OPASCHOWSKI 1999, S. 15).

Dieses Zitat bezieht sich auf Petrarcas Brief an Dionigi. Neben Naturbeschreibungen äußert sich Petrarca hauptsächlich zu seinem Innenleben. Im Lesen der Bekenntnisse des Augustin, welche er einst von seinem Professor Dionigi geschenkt bekam, begreift er einen Zusammenhang zwischen der Weite der Natur und die Weite des seligen Lebens. Während bei Petrarca Natur-Erleben und Selbstkommunikation eine große Rolle spielen, liegt im Vorbericht und den ersten beiden Abenden von *Robinson der Jüngere* der Fokus auf Robinsons Erziehung und seinen Motiven zur Reise: Er wächst als einziger Sohn eines Hamburger Ehepaares auf. In seiner Kindheit wird ihm alles erlaubt. Er hat keine Lust zu lernen und spielt lieber. Eines Tages lässt er sich von einem Freund zu einer Schiffsreise überreden. Nach diversen Zwischenfällen auf See strandet Robinson auf einer einsamen Insel. Neben Hunger, Durst, Angst vor wilden Tieren und wilden Menschen plagen ihn Selbstvorwürfe und das schlechte Gewissen, da er seine Eltern rücksichtslos verlassen hat. Trotz Zweifel erlernt und entdeckt er viele Möglichkeiten zum Überleben; neben Nützlichem wie Nahrungsbeschaffung, Feuer und Unterkunft, hilft ihm die Besinnung auf sittliche Tugenden und Gottvertrauen (STACH 1970, S. 14).

Die in 5.1 gebildeten deduktiven Kategorien sollen im Folgenden anhand der beiden literarischen Beispiele ausgewertet und interpretiert werden: Kann das Explorative Erleben, die exploratorische Motivation bestätigt werden? Liegt ein intrinsisch motiviertes psychologisches Bedürfnis der Kognition vor? Wird eine psychophysische Sättigung erreicht? Führen neuartige Reize aus der Umwelt zu einem Erstaunen als Emotion im Sinne des spezifisches Neugierverhaltens oder kann ein diversives Neugierverhalten nachgewiesen werden, welches auf reizarme, monotone Situationen zurückgeführt werden kann und sich in der Emotion der Langeweile und Stille äußert? Stellt Petrarcas Bergbesteigung oder Robinsons Inselaufenthalt eine Flucht aus dem Alltag dar? Ist Selbsterfüllung vertreten? Und spielt das Biotische Erleben und der Flow eine Rolle? Lässt sich der achtphasige Prozess des Konzepts *Erleben* mit den acht Einzelphasen von Schober anwenden und nachvollziehen? Spiegeln sich die fünf Stufen der Bedürfnispyramide in Petrarcas oder Robinsons Motivation wider? Können die bereits in der Einleitung gestellten Fragen nach dem Warum und Sinn mit dieser Analyse ergründet werden?

6.1 An Francesco Dionigi von Borgo San Seplocro in Paris

Unter Anwendung des Kategoriensystems und unter Berücksichtigung der Theorie und Fragestellung erfolgt die Auswertung und Überarbeitung des Materials.

> „Den höchsten Berg dieser Gegend, den man nicht unverdientermaßen Ventosus, den Windigen nennt, habe ich am heutigen Tage bestiegen. Dabei trieb mich einzig die Begierde, die ungewöhnliche Höhe dieses Flecks Erde durch Augenschein kennenzulernen" (PETRARCA 1980, S. 88).

Bereits im zweiten Satz des Briefs an Dionigi nennt Petrarca sein einziges Motiv für die Besteigung des Mont Ventoux: „einzig die Begierde, die ungewöhnliche Höhe dieses Flecks Erde durch Augenschein kennenzulernen" treibt ihn an (PETRARCA 1980, S. 88). Gemäß des Acht-Phasen-Modells nach Schober liegt Petrarcas Bewusstsein in einem ungenügend befriedigten Wunsch der Begierde. Die 'ungewöhnliche Höhe' stellt einen 'neuartigen Reiz' dar, welcher auf die Kategorie des 'Spezifischen Erlebens' schließen lässt[27]. Um dieses Bedürfnis zu befriedigen, wählt Petrarca den höchsten Berg der Gegend aus um ihn zu besteigen. Die Lektüre von Livius Bericht über die Besteigung des Berges Haemus von Philipp gibt ihm bereits in seiner Kindheit seinen Anstoß: „wäre es aber für mich so leicht, jenen Berg zu erkunden, wie diesen hier, so würde ich nicht lange Zweifel lassen" (PETRARCA 1980, S. 88). Petrarca gibt sich folglich sehr weltneugierig zu erkennen[28]. In Analogie zu Philipps Aufstieg, welcher neben Neugier strategische Gründe zum Anlass seiner Besteigung nahm, konzentriert sich Petrarca auf seine Lust zur Welterkundung durch sinnliche Erfahrung um ihrer selbst willen - wenngleich diese Lust für Petrarca als unerlaubt gilt und „ihr nachzugehen als Jugendsünde" verstanden wird (GROH und GROH 1996, S. 31).

> „Ein langer Tag, schmeichelnde Luft, Lebensfeuer der Gemüter, Kraft und Gewandtheit der Leiber und was es sonst dergleichen geben mag, stand uns beim Wandern zur Seite; einzig widerstand uns die Natur des Ortes" (PETRARCA 1980, S .90).

Neben dem 'Lebensfeuer der Gemüter', welches die 'Vitalität' als dazugehörige positive Emotion einer Aktivität widerspiegelt und als Ausdruck der psychischen Verfassung verstanden werden kann, steht 'Kraft und Gewandtheit der Leiber' als Ausdruck von physischer Verfassung „beim Wandern zur Seite" (PETRARCA 1980, S. 90). Diese 'Kraft und Gewandtheit der Leiber' können als ungewöhnliche Körperreize nach der Kategorie des Biotischen Erlebens aufgefasst werden[29].

Eine Verbindung zwischen Körper und Geist zeigt sich bei Petrarca wie folgt: „Dort schwang ich mich auf Gedankenflügeln vom Körperlichen zum Unkörperlichen hinüber"

---

[27] siehe Anhang: vgl. P1, deduktive Kategorienanwendung am Beispiel Petrarca

[28] siehe Anhang: vgl. P2, deduktive Kategorienanwendung am Beispiel Petrarca

[29] siehe Anhang: vgl. P3, deduktive Kategorienanwendung am Beispiel Petrarca

(PETRARCA 1980, S. 91). Die von ihm angesprochenen ʼGedankenflügelʼ sprechen die Kategorie des Flows an, wenngleich die Zuordnung einer Unterkategorie aufgrund des zunächst noch fehlenden Kontexts nicht näher klassifiziert werden kann[30]. Petrarca vergleicht den körperlichen Aufstieg auf den Berg mit dem unkörperlichen Aufstieg der Seele zu Gott. Er vollzieht auf diese Weise eine Allegorisierung von Außenwelt und Innenwelt, von Sichtbarem und Unsichtbarem. Auf seinem Weg um sein Bedürfnis der Begierde zu befriedigen, gelangt Petrarca schließlich zur folgenden Reflexion:

> „ʼWas du heute so oft bei Besteigung dieses Berges hast erfahren müssen, wisse, genau das tritt an dich und an viele heran, die da Zutritt suchen zum seligen Leben. Aber es wird deswegen nicht leicht von den Menschen richtig gewogen, weil die Bewegung des Körpers zutage liegen, die der Seele jedoch unsichtbar sind und verborgen. Wohl aber liegt das Leben, das wir das selige nennen, auf hohem Gipfel, und ein schmaler Pfad, so sagt man, führt zu ihm empor. Es steigen auch viele Hügel zwischendurch auf, und von Tugend zu Tugend muß man weiterschreiten mit erhabenen Schritten. Auf dem Gipfel ist das Ende aller Dinge und des Weges Ziel, darauf unsere Pilgerfahrt gerichtetʼ“ (PETRARCA 1980, S. 91-92).

Petrarca erscheint folglich die Suche nach dem „Zutritt [...] zum seligen Leben“ als geeignetes Ziel (PETRARCA 1980, S. 91). Wie der Bergsteiger seinen Körper von einer Etappe zur nächsten bringt, erhebt sich, dem Glauben nach, die Seele, von Tugend zu Tugend: „Wohl aber liegt das Leben, das wir das selige nennen, auf hohem Gipfel, und ein schmaler Pfad, [...] führt zu ihm empor“ (PETRARCA 1980, S. 92; GROH und GROH 1996, S. 36). Neben dem Natur-Erleben wird die Flow-Erlebniskomponente und Unterkategorie Transzendenz an dieser Stelle verdeutlicht[31]. Petrarca erkennt Parallelen in der Allegorie und seinem Verhalten beim Aufstieg.

> „ʼWas hält dich also ab? Doch wahrhaftig nicht weiter, als daß der Weg durch die irdischen und allerniedrigsten Gelüste ebener ist und, wie es wohl auf den ersten Blick scheinen möchte, bequemer. Gleichwohl mußt du nach langer Irrfahrt unter der Last des zum Unheil aufgeschobenen Weges hinansteigen zum Gipfel des seligen Lebens selber oder in den Talgründen deiner Sünden säumig erliegen; und wenn dich dort – was nur heraufzubeschwören mir graut – ʼFinsternis und Schattenʼ des Todes finden, so mußt du die ewige Nacht unter beständigen Qualen verbringenʼ“ (PETRARCA 1980, S. 92).

Petrarca begleiten zum einen die Seite der Wirklichkeit, der des Körpers, die ihn auf Umwege und in Talgründe treibt und zum anderen die Seite des Moralischen, des Unkörperlichen, der Innenwelt, welche ebenfalls einer langen Irrfahrt gleicht und versucht der Finsternis zu entrinnen. Einzige Möglichkeit ist der Aufstieg zum Gipfel und zum seligen Leben selber. Beide Zitate lassen sich aufgrund der Schlüsselwörter der Unterkategorie und Flow-Erlebniskomponente der Transzendenz zuordnen[32]. Seinen Triumph der Innenwelt und Besteigung des Mont Ventoux leitet Petrarca wie folgt ein:

---

[30] siehe Anhang: vgl. P4, deduktive Kategorienanwendung am Beispiel Petrarca
[31] siehe Anhang: vgl. P5, deduktive Kategorienanwendung am Beispiel Petrarca
[32] siehe Anhang: vgl. P6, deduktive Kategorienanwendung am Beispiel Petrarca

> „Zuerst stand ich, durch einen ungewohnten Hauch der Luft und durch einen ganz freien
> Rundblick bewegt, einem Betäubten gleich. Ich schaute zurück nach unten: Wolken lagerten
> zu meinen Füßen [...]. Ich richtete nunmehr meine Augen nach der Seite, wo Italien liegt, nach
> dort, wohin mein Geist sich so sehr gezogen fühlt. Die Alpen selber –eisstarrend und schnee-
> bedeckt - [...] erscheinen mir greifbar nahe, obwohl sie durch einen weiten Zwischenraum ge-
> trennt sind. Ich seufze, ich gestehe es, nach italienischer Luft, die mehr vor dem Geist als vor
> den Augen erstand, und ein nicht zu erstickender, glühender Drang beseelte mich [...]. Dann
> ergriff eine andere Überlegung Besitz von meinem Geist und brachte mich von der Betrach-
> tung des Raumes auf die der Zeit" (PETRARCA 1980, S. 93).

Petrarca wendet seine Sicht zum Schluss auf seine Innenwelt, die 'memoria' (GROH und
GROH 1996, S 39). Gemäß des Prozesses nach Schober und den verbunden acht Einzelphasen als Verbindungsstück zwischen Motiv und Ziel gelangt Petrarca über sein Bewusstsein zur Wahrnehmung (SCHOBER 1993, S. 137; PETRARCA 1980, S. 93). Der „nicht
zu erstickende, glühende Drang beseelte" Petrarca und „ergriff eine andere Überlegung"
(PETRARCA 1980, S. 93). Die verbundene Erlebnismöglichkeit im Aufstieg verschafft Petrarca eine emotionale Aktivierung im Sinne einer Beseelung. Sein Geist erlangt folglich
eine neue „Betrachtung des Raumes auf die Zeit" (SCHOBER 1993, S. 137; PETRARCA
1980, S. 93). Neben dem 'Natur-Erleben' wird die Flow-Erlebniskomponente und Unterkategorie 'Verlust des Gefühls für Zeit und Raum' an dieser Stelle angesprochen[33]. Durch
körperliche Überwindung im Aufstieg öffnet und aktiviert sich Petrarcas Geist. Er besinnt
sich der Bekenntnisse des Augustin, welche ihm sein Professor Dionigi schenkte:
„'Vergegenwärtigen will ich mir meine vergangene Abscheulichkeiten und meiner Seele
fleischliche Verderbnis, nicht als ob ich diese liebte, sondern auf daß ich dich liebe, mein
Gott'" (PETRARCA 1980, S. 94). Diese Zeilen führen ihn schließlich zur Selbstkommunikation und bestätigen somit die Unterkategorie und Flow-Erlebniskomponente der Transzendenz[34]. Er betrachtet im Folgenden seine eigene Lebensgeschichte wie folgt:

> „So trieb es mich in Gedanken durch das vollendete Jahrzehnt. Da ließ ich meine Sorgen ums
> Vergangene fahren und befragte mich selbst: 'Wenn es dir vielleicht gelingen sollte, durch
> zwei fernere Lustern dies unstete flüchtige Leben weiter zu führen und im Verhältnis zur Zeit-
> dauer ebensoviel zur Tugend fortschreiten, wie du in diesen zwei Jahren durch den Anstür-
> men des neuen Willens gegen den alten von der ursprünglichen Verstocktheit losgekommen
> bist, könntest du dann nicht, wenn auch nicht gesichert, so doch in Hoffnung, im vierzigsten
> Lebensjahre dem Tode entgegengehen und den Überschuß des ins Greisenalter hinabstei-
> genden Lebens leichten Herzens preisgeben?'" (PETRARCA 1980, S. 94f.).

Seine Gedanken über das vollendete Jahrzehnt sowie sein Leben im Verhältnis zur Zeit-
dauer führen Petrarca zur Selbstkommunikation. Neben dem Verlust des Gefühls für Zeit
und Raum wird auch die weitere Unterkategorie und Flow-Erlebniskomponente Transzendenz angesprochen[35].

---

[33] siehe Anhang: vgl. P7, deduktive Kategorienanwendung am Beispiel Petrarca
[34] siehe Anhang: vgl. P8, deduktive Kategorienanwendung am Beispiel Petrarca
[35] siehe Anhang: vgl. P9, deduktive Kategorienanwendung am Beispiel Petrarca

Mit Sonnenuntergang wird er sich schließlich über des Zwecks seines Aufstiegs bewusst.

> „[…] und so schien ich gewissermaßen vergessen zu haben, an welch einen Ort ich gekom-
> men sei und zu welchem Zweck. Endlich aber verabschiedete ich meine Sorgen, für die ein
> anderer Ort passender sein mochte, schaute um mich und sah nun wirklich das, was zu sehen
> ich hergekommen war. […] nun wandte ich mich, gleichsam erwacht, um und blickte zurück
> den Westen. Der Grenzwall der gallischen Lande […] ist von dort nicht zu sehen, nicht daß
> meines Wissens irgendein Hindernis dazwischenträte – nein, nur infolge der Gebrechlichkeit
> des menschlichen Sehvermögens. Hingegen sah ich zur Rechten die Gebirge der Provinz von
> Lyon […]. Die Rhone lag mir geradezu vor Augen. Dieweil ich dieses eins ums andere be-
> staunte und jetzt Irdisches genoß, dann nach dem Beispiel des Leibes auch die Seele zum
> Höheren erhob, schien mir gut, in das Buch der Bekenntnisse des Augustin hineinzusehen,
> eine Gabe, die ich deiner Leibe verdanke und die ich bewahre, zum Gedenken an den Urhe-
> ber wie an den Geber, und die ich stets in Händen habe" (PETRARCA 1980, S. 95).

Indem er ein letztes Mal die weite Aussicht genießt und im Folgenden weiter in den Be-
kenntnissen Augustin liest, wird ihm der Zweck seines Aufstiegs bewusst: „und sah nun
wirklich das", weswegen er herkommen" (PETRARCA 1980, S. 95). Ähnlich dem Aufstieg
der Seele, widmet er seine Bergbesteigung dem Zweck, Gott näher zu kommen. Petrarca
begreift erneut sein 'Natur-Erleben' und erlebt die Transzendenz[36]. Seine anfängliche
Weltneugier wird mit dem Ausblick und Einblick in die Bekenntnisse Augustin schließlich
gestillt. Petrarca beschreibt und erlebt die Transzendenz wie folgt:

> „Ich war wie betäubt, ich gestehe es […], daß ich noch jetzt das Irdische bewunderte. Hätte
> ich doch schon zuvor […] lernen müssen, daß nichts bewundernswert ist außer der Seele:
> Neben ihrer Größe ist nichts groß" (PETRARCA 1980, S. 96).[37]

Die Größe der Natur und ihre räumliche Weite färben sich demzufolge auf sein Seelenleben und die neue Weite der Seele ab (vgl. BOLLNOW 1963, S. 83; BURCKHARDT 1962, S.
202). Gemäß des achtstufigen Phasenmodells erfolgt nach der Zielerreichung, dem ge-
steigerten Erleben und seiner Entfaltung, der Zustand der psychophysischen Sättigung.
Bei Petrarca drückt sich die Erlebnisintensität und die daraus resultierende psychophysische Sättigung in Form von Stille: „Da beschied ich mich, genug von dem Berge gesehen
zu haben, und wandte das innere Auge auf mich selbst, und von Stund an hat mich nie-
mand mehr reden hören, bis wir unten ankamen" (PETRARCA 1980, S. 96). Diese Stille
charakterisiert die Unterkategorie des Diversiven Erlebens und zeigt Petrarcas Mühen
den Höhenpunkt der Kenntnisse mit dem Gipfel der Innenwelterfahrung anzunehmen.
Das Natur-Erleben wird als Auslöser der Flow-Erlebniskomponente und zusätzlichen der
Unterkategorie Transzendenz im Sinne der Selbstkommunikation angesehen[38]. Petrarca
erkennt sich im Gelesenen wider und realisiert, dass er in den Augen seines großen Vor-
bildes als Sünder dasteht, da er „jetzt Irdisches genoß" (PETRARCA 1980, S. 95).

---

[36] siehe Anhang: vgl. P10, deduktive Kategorienanwendung am Beispiel Petrarca
[37] siehe Anhang: vgl. P11, deduktive Kategorienanwendung am Beispiel Petrarca
[38] siehe Anhang: vgl. P12, deduktive Kategorienanwendung am Beispiel Petrarca

6.2 Robinson der Jüngere

Bereits im Vorbericht von *Robinson der Jüngere* heißt es:

> „Krusoe's Eltern [...] ließen ihrem lieben Söhnchen in Allem seinen eigenen Willen, und weil nun das liebe Söhnchen lieber spielen, als arbeiten und etwas lernen mochte, so ließen sie es meist den ganzen Tag müßig umherlaufen oder spielen, und so lernte es denn wenig oder gar nichts. Das nennen wir anderen Leuten eine unvernünftige Liebe" (CAMPE 1981, S. 5).

> „Der junge Robinson wuchs also heran, ohne daß man wußte, was aus ihm werden würde. Sein Vater wünschte, daß er die Handlung lernen möchte; aber dazu hatte er keine Lust. Er sagte, er wolle lieber in die weite Welt reisen, um alle Tage recht viel Neues zu hören und zu sehen. Das war aber nun sehr unverständlich gesprochen von dem jungen Menschen. Ja, wenn er schon etwas Rechts hätte gelernt gehabt! Aber was wollte so ein unwissender Bursche, als dieser Krusoe war, in der weiten Welt machen? Wann man in fremden Ländern sein Glück machen will, so muß man sich erst viele Geschicklichkeiten erworben haben. Und daran hatte er bisher noch nicht gedacht. Er war nun siebzehn Jahre alt, und hatte seine meiste Zeit mit Umherlaufen zugebracht. Täglich quälte er seinen Vater, daß er ihn doch möchte reisen lassen; sein Vater aber antwortete: er sei wohl nicht gescheit; und wollte nicht davon hören. 'Söhnchen! Söhnchen' rief ihm dann die Mutter zu, 'bleib im Lande, und nähre dich redlich!'" (CAMPE 1981, S. 5f.).

In seiner Kindheit ließen Kruseo's Eltern Robinson „meist den ganzen Tag müßig umherlaufen und spielen" (CAMPE 1981, S. 5). Anstatt eine Handlung zu lernen, will er „lieber in die weite Welt reisen, um alle Tage recht viel Neues zu hören und zu sehen" (CAMPE 1981, S. 6). 'Entdeckungsdrang' und 'neuartige Reize' können als Schlüsselwörter in Verbindung mit 'Umherlaufen und Spielen' sowie 'Erkunden der weiten Welt' gebracht werden. Sie rechtfertigen das Kognitive Erleben und Spezifische Erleben als die beiden Unterkategorien des Explorativen Erlebens[39]. Eines Tages erhält der junge Robinson eher durch Zufall die Gelegenheit einer spontanen Reise:

> „Aber da ihn der Kapitain versicherte, daß die Reise sehr angenehm sein würde; daß er ihn, um einen Geselschafter zu haben, umsonst mitnehmen, und frei halten wollte, und daß er vielleicht etwas Ansehnliches auf dieser Reise erwerben könnte: so stieg ihm [Robinson, Anm. E.S.] plötzlich das Blut zu Kopfe, und die Begierde zu reisen wurde so lebendig in ihm, daß er auf einmahl vergaß Alles, was ihm der ehrliche Hamburger Schiffer gerathen hatte, und was er kurz vorher thun wollte" (CAMPE 1981, S. 31; eigene Hervorhebungen).

„Etwas Ansehnliches auf dieser Reise zu erwerben" ist bei Robinson eng verknüpft mit der „Begierde zu reisen" (CAMPE 1981, S. 31). Sie stellt für Robinson ebenfalls einen neuartigen Reiz dar und sprechen für die Kategorie des Spezifischen Erlebens[40].

Obwohl Robinson seekrank wird, das Schiff nach Abreise aus London Leck bekommen hat und ihn Missmut überkommt, setzt er seine Reise fort. Bei Landgang von Terrenueve gerät er in erneutes Staunen:

---

[39] siehe Anhang: vgl. R1 und R2, deduktive Kategorienanwendung am Beispiel Robinson
[40] siehe Anhang: vgl. R3, deduktive Kategorienanwendung am Beispiel Robinson

„Er konte sich nicht sat sehen an dem herrlichen Anblik, den diese fruchtbare Insel gewährt. So weit sein Auge reichte, sahe er Gebirge, die mit lauter Weinreben bekleidet waren. Wie wässerte ihm der Mund nach den schönen süßen Trauben, die er da hengen sah! Und wie labte er sich, da der Schifskapitain ihm die Erlaubniß erkaufte, so viel zu essen, als er Lust hätte!" (CAMPE 1981, S. 41f.)

Der herrliche Anblick auf die fruchtbare Insel stellt einen weiteren, neuartigen Reize dar, welcher Robinson beim Landgang von Terrenueve begegnet und ihn in Staunen versetzt. Das spezifische Neugierverhalten verdeutlicht an dieser Stelle die Unterkategorie des Spezifischen Erlebens[41]. Die positive Emotion des Staunens verschwindet jedoch, sobald Robinson die Insel erschlossen hat:

„Da der Schifskapitain sich hier eine Zeitlang verweilen muste, um sein Schiff ausbessern zu lassen, welches etwas schadhaft geworden war: so fieng unser Robinson nach einigen Tagen an, Langeweile zu haben. Sein unruhiger Geist sehnte sich wieder nach Veränderung, und er wünschte sich Flügel, um so geschwind, als möglich, die ganze Welt durchfliegen zu können. Unterdeß kam ein portugiesisches Schif von Lissabon an, welches nach Brasilien in Amerika segeln wollte" (CAMPE 1981,S. 42).

Die „Langeweile" und der „unruhige Geist", welche als 'Verwirrung' angesehen werden können, treten in der nun reizarmen, monotonen Situation als negative Emotion des diversiven Neugierverhaltens auf und charakteristisch für die Unterkategorie des Diversiven Erlebens sind[42]: „Sein unruhiger Geist sehnte sich wieder nach Veränderung" (CAMPE 1981,S. 42). Robinson äußert schließlich den Wunsch Flügel zu haben und „die ganze Welt durchfliegen zu können" (CAMPE 1981, S. 42). Diese Umschreibung kann als Synonym für Erlebnisdrang, andere Länder erleben, unterwegs sein und auch auf Entdeckungen gehen, ein Risiko auf sich nehmen, gesehen werden und klassifiziert die Unterkategorie des Kognitiven Erlebens[43].

„Da er nun den Portugisischen Schifskapitain bereit fand, ihn mitzunehmen, und da er hörte, daß das englische Schif wenigstens noch vierzehn Tage hier stil liegen müsse: so konte er der Begierde, weiter zu reisen, nicht länger widerstehen" (CAMPE 1981, S. 43).

Er „konte [...] der Begierde, weiter zu reisen, nicht länger widerstehen" verdeutlicht das 'Neugierigsein auf etwas Besonderes' und spiegelt das 'Kognitive Erleben' wider[44].

Robinsons Weiterreise verläuft nicht ohne weitere Komplikationen. Schließlich strandet er auf einer einsamen Insel. Bis zu seinem dortigen Inselaufenthalt erlebt Robinson ausschließlich die Vielfalt des Explorativen Erlebens; das Kognitive Erleben, das Spezifische Erleben und auch das Diversive Erleben.

---

[41] siehe Anhang: vgl. R4, deduktive Kategorienanwendung am Beispiel Robinson
[42] siehe Anhang: vgl. R5, deduktive Kategorienanwendung am Beispiel Robinson
[43] siehe Anhang: vgl. R5, deduktive Kategorienanwendung am Beispiel Robinson
[44] siehe Anhang: vgl. R6, deduktive Kategorienanwendung am Beispiel Robinson

Nachdem er seine Situation begreift, plagen ihn Hunger, Durst, Angst und Selbstvorwürfe. Er entdeckt zunächst seine Mangelbedürfnisse: „Diesen Bedürfnissen haben wir es zu verdanken, daß wir klug und verständig sind" (CAMPE 1981, S. 67f.). Robinson sorgt im Folgenden für sich. Er beschafft sich Nahrung, baut eine Hütte und hält sich Haustiere (vgl. CAMPE 1981, S. 68-100). Er deckt somit seine Grund- und Sicherheitsbedürfnisse. In einer gewittrigen Nacht mit Fieber erlebt er jedoch neben seiner Einsamkeit auch seine Hilflosigkeit: „So unendlich schwer ist es für jeden einzelnen Menschen, für alle seine Bedürfnisse selbst zu sorgen; und so groß sind die Vortheile, die uns das gesellige Leben gewährt!" (CAMPE 1981, S. 108). Er erlebt das Verlangen des sozialen Bedürfnisses, des sozialen Erlebens. Schließlich gelingt ihm bei einer Zeremonie der gelegentlich vorbeikommenden Kannibalen die Befreiung eines Europäers. Dieser ist ihm zu tiefstem Dank verpflichtet und erfüllt Robinsons soziales Bedürfnis. Robinson entwickelt eine Freundschaft zu ihm und gibt ihm den Namen Freitag. Robinson erlebt durch Freitags Anerkennung das Selbstachtungsbedürfnis. Nachdem Robinson seine Grund- und Sicherheitsbedürfnisse sowie sein soziales Bedürfnis und das seiner Selbstachtung abgedeckt hat, widmet er sich dem höchsten Bedürfnis. Er verbringt viel Zeit mit Philosophieren am Strand und besinnt sich auf sittliche Tugenden sowie Gottvertrauen, welche das Bedürfnis nach Selbstverwirklichung ansprechen (vgl. CAMPE 1981).

7 Schlussbetrachtung

Anhand Petrarcas Briefs konnte mit Hilfe der deduktiven Kategorienanwendung sowohl das Explorative als auch das Biotische Erleben und der Flow nachgewiesen werden. Petrarca nennt den unbekannten Berg als neuartigen Reiz, welcher somit eine extrinsische Motivation darstellt, und bei ihm Begierde auslöst. Diese ist Kennzeichen des Spezifischen Erlebens. Das Wandern im Sinne eines ungewöhnlichen Körperreizes zeigt zum einen, dass Körperliche Aktivität und im Natur-Erleben auf das Biotische Erleben übertragbar sind, und zum anderen, dass sich die Ausmaße jedoch genauer mit und in der Vielfalt des Flows zeigen lassen. Am Häufigsten tritt die Flow-Erlebniskomponente und Unterkategorie Transzendenz bei Petrarca zum Vorschein. Sie zeigt sich vor allem in seiner Selbstkommunikation, in der er Rückschlüsse auf sein Innen- und Seelenleben vollzieht. Hierbei verliert er gelegentlich sein Gefühl für Zeit und Raum. Nach seiner anfänglichen Begierde tritt das Spezifische Erleben in den Hintergrund. Nach dem Höhepunkt im Flow und des Erreichens einer Erlebnisintensität beendet schließlich das Diversive Erleben, welches sich in der Stille beim Abstieg äußert, seine Verschmelzungserfahrung.

Bei *Robinson der Jüngere* konnte im Vorbericht und in den ersten beiden Abenden das Explorative Erleben in allen drei Unterkategorien, dem Kognitiven Erleben, dem Spezifischen Erleben sowie dem Diversiven Erleben, nachgewiesen werden. Die anderen beiden deduktiven Hauptkategorien, das Biotische Erleben sowie der Flow, können jedoch weder angewandt noch nachvollzogen werden. Das Spezifische Erleben spielt bei Robinson ähnlich wie bei Petrarca anfänglich die größte Rolle. Robinson äußert einen ähnlichen Wunsch. Er möchte die weite Welt bereisen. Campe gibt jedoch keine weitere Erläuterung, die auf seine Motivation schließen könnte. Unter Betrachtung des Spezifischen Erlebens wird die weite Welt als neuartiger Reiz aufgefasst und stellt somit ebenfalls eine extrinsische Motivation dar. Wird das Kognitive Erleben jedoch geprüft, rückt der damit verbundene Entdeckerdrang in den Vordergrund. Dieser ist wiederum Kennzeichen der intrinsischen Motivation.

Begierde im Sinne des Spezifischen Erlebens und Langeweile im Sinne des Diversiven Erlebens sind nach dieser Analyse die am häufigsten auftretenden Beispiele für intrinsische Motivation. Erlebnisdrang im Sinne des Kognitiven Erlebens ist dagegen, wie dargestellt, Kennzeichen der extrinsischen Motivation. Neben der deduktiven Kategorienanwendung und der literarischen Analyse gibt die theoretische Grundlage nähere Aufschlüsse über die Motivation, welche einen Menschen zum Handeln bewegt. Die Motivation, ob intrinsisch oder extrinsisch, stellt die Kraft dar, welche den Menschen zum Reisen bewegt. Sie ist sowohl Impuls als auch Prozess. Anhand Petrarcas Beispiels konnte der Verlauf der Vielfalt des Erlebens als ein Prozess nachgewiesen werden. Am Anfang steht ein extrinsisch motivierter Reiz, der Berg, im Sinne des Explorativen Erlebens. Durch Körperlichen Aktivität und Natur-Erleben im Sinne des Biotischen Erlebens schafft Petrarca schließlich die Aktivierung seiner Sinne, sodass er neben dem Verlust von Zeit und Raum häufig Transzendenz im Sinne des Flows erlebt. Seine Selbstkommunikation kann hierbei als höchste Bedürfnisstufe, der Selbstverwirklichung, angesehen werden. Sein Aufstieg auf den Mont Ventoux stellt folglich eine Reise als Selbstzweck dar. Wie Gleich bereits sagte: „Wir bewegen uns körperlich, weil uns seelisch etwas bewegt – und umgekehrt" (GLEICH 1998, S. 190).

8 Literaturverzeichnis

Die Quellen, die beim Erstellen dieser Arbeit nicht im Original vorlagen, sind kursiv gekennzeichnet.

ALIGHIERI, D. (1986): La Divina Commedia. In: VOSSLER, K. (Hrsg.): Die Göttliche Komödie. Zürich/München

ANFT, M. (1993): Flow, in: HAHN, H. und H. J. KAGELMANN (Hrsg.) Tourismuspsychologie und Tourismussoziologie. Ein Handbuch zur Tourismuswissenschaft, München, S. 141-147.

ANFT, M. und U. HEß (1993): Bergsteigen und Bergwandern, in: HAHN, H. und H. J. KAGELMANN (Hrsg.) Tourismuspsychologie und Tourismussoziologie. Ein Handbuch zur Tourismuswissenschaft. München, S. 351-354

AUFMUTH, U. (1989): Zur Psychologie des Bergsteigens. Frankfurt am Main.

ASMODI, K. (1993): Eine Theorie des Tourismus – die Enzensberger Studie, in: HAHN, H. und H. J. KAGELMANN (Hrsg.) Tourismuspsychologie und Tourismussoziologie. Ein Handbuch zur Tourismuswissenschaft. München, S. 583-586.

BIBLIOGRAPHISCHES INSTITUT GMBH (o.J.a): 'Reise'. URL: http://www.duden.de/rechtschreibung/Reise (Stand: 24.09.2016).

BIBLIOGRAPHISCHES INSTITUT GMBH (o.J.b): 'Begierde'. URL: http://www.duden.de/rechtschreibung/Begierde (Stand: 22.10.2016).

BOLLNOW, O.F. (1963): Mensch und Raum. Stuttgart.

BRAUN, O.L. (1989): Vom Alltagsstress zur Urlaubszufriedenheit. Bielefeld

BRAUN, O.L. (1993): (Urlaubs-)Reisemotive. In: HAHN, H. UND H.J. KAGELMANN (Hrsg.): Tourismuspsychologie und Tourismussoziologie. Ein Handbuch zur Tourismuswissenschaft. München, S. 199-207.

BURCKHART, JACOB (1962): Die Kultur der Renaissance in Italien. Ein Versuch. Gesammelte Werke. 3. Band. Darmstadt.

CAMPE, J. H. (1981): Robinson der Jüngere zur angenehmen und nützlichen Unterhaltung für Kinder. In: BINDER, A. und H. RICHARTZ (Hrsg.): ders. Titel. Stuttgart.

CELTIS, K. (1985): Lobpreis auf die Wanderschaft. In: SIEBERT, W. (Hrsg.): Der Weg zum Manierismus im Mittelweserraum. Bückeburg, S.24.

CSIKSZENTMIHALYI, MIHALY (1985): Das flow-Erlebnis: Jenseits von Angst und Langeweile: Im Tun aufgehen. Stuttgart.

COHEN, E. (1988): Traditions in the qualitative sociology of tourism. In: Annals of Tourism Research. Volume 15, Issue 1, S. 29-46.

COHEN, E. (1979): A phenomenology of tourist experiences. Sociology 13, S. 179-201.

DORSCH, F. (1970): Psychologisches Wörterbuch. 8. Auflage. Hamburg.

EDENSOR, T. (2009): Tourism. In: THRIFT, N. J. und R. KITCHIN (Hrsg.): International Encycloeida of Human Geography. Amsterdam/Boston, S. 301-312.

ELKAR, R.S. (1980): Reisen bildet. Überlegungen zur Sozial- und Bildungsgeschichte des Reisens während des 18. und 19. Jahrhunderts. In: KRASNOBAEV, B.I., ROBEL, G. und H. ZEMAN (Hrsg.): Reisen und Reisebeschreibungen im 18. und 19. Jahrhundert als Quellen der Kulturbeziehungsforschung. Berlin, S. 52-82.

ENZENSBERGER, H.M. (1964): Einzelheiten I. Bewußtseins-Industrie. Frankfurt am Main.

EPPELSHEIMER, H.W. (1980): Petrarca Dichtungen Briefe Schriften. Frankfurt am Main.

FAßNACHT, G. (2000): Verhalten. URL: http://www.spektrum.de/lexikon/psychologie/verhalten/16243 (Stand: 25.10.2016).

FELDMANN, O. (1993): Geleitwort. Tourismusforschung als Zweig der Sozialwissenschaften – Chancen und Kritik aus Sicht der politischen Praxis. In: HAHN, H. und H.J. KAGELMANN (Hrsg.): Tourismuspsychologie und Tourismussoziologie. Ein Handbuch zur Tourismuswissenschaft. München, S. IX-X.

FOHRMANN, J. (1981): Abenteuer und Bürgertum. Zur Geschichte der deutschen Robinsonaden im 18. Jahrhundert. Stuttgart.

FRANKL, V. E. (1984): Der leidende Mensch. Anthropologische Grundlagen der Psychotherapie. 2. Auflage. Bern.

FREYER, W. (1995): Tourismus. Einführung in die Fremdenverkehrsökonomie. München/Wien.

FREYTAG, T. (2014): Raum und Gesellschaft. In: LOSSAU, J.; FREYTAG, T. UND R. LIPPUNER (Hrsg): Schlüsselbegriffe der Kultur- und Sozialgeographie. Stuttgart, S. 12-24.

FUR FORSCHUNGSGEMEINSCHAFT URLAUB UND REISEN E.V. (2015): ReiseAnalyse 2015. Kurzfassung der Ergebnisse. Struktur und Entwicklung der Urlaubsreisenachfrage im Quellenmarkt Deutschland. Kiel. = NUR 20

FUR FORSCHUNGSGEMEINSCHAFT URLAUB UND REISEN E.V. (2009): ReiseAnalyse. trendstudie. Urlaubsreisetrends 2020. Die RA-Trendstudie – Entwicklungen der touristischen Nachfrage der Deutschen. Kiel.

GLEICH, M. (1998): Mobilität. Warum sich alle Welt bewegt. Hamburg.

GROH, R. UND D. GROH (1996): Die Außenwelt der Innenwelt. Zur Kulturgeschichte der Natur. Frankfurt am Main.

GÜNTER, W. (1989): Kulturgeschichte der Reiseleitung. Bensberg.

HARTMANN, K.D. (1962): Zur Ermittlung von Urlaubsmotiven und Urlaubserwartungen. Starnberg: Studienkreis für Tourismus. Gruppierung von Urlaubsbedürfnissen aufgrund der Studie DIVO (unveröffentlicht).

HAHN, H. (1974): Wissen Sie eigentlich, was für ein Urlaubstyp Sie sind? "Urlaub 74" - das Reise-Supplement des Jahreszeitenverlages in den Zeitschriften FÜR SIE, PETRA und ZUHAUSE: Erscheinungstermine: 25. und 30. Januar 1974.

HAHN, H. und H.J. KAGELMANN (1993): Tourismuspsychologie und Tourismussoziologie. Ein Handbuch zur Tourismuswissenschaft. München.

HECKHAUSEN, H. (1989): Motivation und Handeln. 2. Auflage. Heidelberg.

HECKHAUSEN, H. (1980): Motivation und Handeln. Berlin.

HENNIG, C. (1997): Reiselust. Touristen, Tourismus und Urlaubskultur. Frankfurt am Main/Leipzig.

HERBERS, KLAUS (1986): Der Jakobsweg. Tübingen

HERBERS, K. (1991): Alte Wege. Unterwegs zu heiligen Stätten. Pilgerfahrten. In: BAUSINGER, H.; BEYRER, K. UND G. KORFF (Hrsg): Reisekultur. Von der Pilgerfahrt zum modernen Tourismus. München, S. 23-31.

HOMER (2014): Odyssee. In: HEUBECK, A. und A. WEIHER (Hrsg.): Odyssee. Griechisch-deutsch. Mit Urtext, Anhang und Registern. 14. Auflage. Berlin.

HOPFINGER, H. (2002): Reisemotiv. In: BRUNOTTE, E., H. GEBHARDT, M. MEURER, P. MEUSBURGER und J. NIPPER (2002): Lexikon der Geographie. 4 Bd. Heidelberg/Berlin, S. 142.

KANTHAK, J. (1973): Möglichkeiten der Marktsegmentierung durch die Ermittlung von Urlaubstypen. In: Urlaubsreisen 1972. Bericht über die Auswertungstagung der Arbeitsgemeinschaft Reiseanalyse. Studienkreis für Tourismus. Starnberg (unveröffentlicht), S. 49-57.

KASPAR, C. (1993): Das System Tourismus im Überblick. In. HAEDRICH, G. KASPAR, C., KREILKAMP, E. und KLEMM, K. (Hrsg): Tourismus-Management. Tourismus-Marketing und Fremdenverkehrsplanung. 2. Auflage. Berlin, S. 13-30.

KELLER, J. A. (1981): Grundlagen der Motivation. München u.a..

KNEBEL, H.-J. (1960): Soziologische Strukturwandlungen im modernen Tourismus. Stuttgart.

KRAUß, H. (1993): Motivationspsychologie. In: HAHN, H. und H.J. KAGELMANN (Hrsg.): Tourismuspsychologie und Tourismussoziologie. Ein Handbuch zur Tourismuswissenschaft. München, S. 85-91.

KUHFELD, K. (2010): Die Reise als Utopie. Ethische und politische Aspekte des Reisemotivs. Paderborn/München.

KULINAT, K. (2007): Tourismusnachfrage: Motive und Theorien. In: BECKER, C.; HOPFINGER, H. und A. STEINECKE (Hrsg.): Geographie der Freizeit und des Tourismus. 3. Auflage. München, S. 97-111.

KUTTER, U. (1991): Der Reisende ist dem Philosophen, was der Arzt dem Apotheker. Über Apodemiken und Reisehandbücher. In: BAUSINGER, H.; BEYRER, K. und G. KORFF (Hrsg.): Reisekultur. Von der Pilgerfahrt zum modernen Tourismus. München, S. 38-46.

LAERMANN, K. (1976): Raumerfahrung und Erfahrungsraum. Einige Überlegungen zu Reiseberichten aus Deutschland vom Ende des 18. Jahrhunderts. In: PIECHOTTA, H.J. (Hrsg.): Reise und Utopie. Zur Literatur der Spätaufklärung. Frankfurt am Main, S. 57-97.

LAßBERG , D. V. und C. STEINMASSL (1991): Urlaubsreisen 1990. Kurzfassung der Reiseanalyse 1990. Starnberg.

LEED, E. J. (1993): Die Erfahrung der Ferne. Reisen von Gilgamesch bis zum Tourismus unerer Tage. Frankfurt/NewYork.

LESER, H.; HAAS, H.-D.; MOISMANN, T. und R. PAESLER (1984): 'Motiv'. In: dies. (Hrsg.): Diercke-Wörterbuch der Allgemeinen Geographie. 2. Band: N-Z. München/Braunschweig, S. 139.

LOHMEIER, D. (1979): Von Nutzbarkeit der frembden Reisen. Rechtfertigungen des Reisens im Zeitalter der Entdeckungen. In: HINSKE, N. und M. J. MÜLLER (Hrsg.): Reisen und Tourismus. Auswirkungen auf die Landschaft und den Menschen. Trier (Trierer Beiträge, Sonderheft 3), S. 2ff.

LOHMANN, M. und R. WOHLMANN (1987): Urlaub in Deutschland. Starnberg.

LUKASEVANGELIUM 15, 11-32. URL: http://www.bibleserver.com/text/EU/Lukas15,11-32 (Stand: 23.10.2016).

MARTENS, W. (1986): Zur Einschätzung des Reisens von Bürgersöhnen in der frühen Aufklärung (am Beispiel des Hamburger 'Patrioten' 1724-26). In: GRIEP, W. und H.-W. JÄGER (Hrsg.): Reisen im 18. Jahrhundert. Neue Untersuchungen. Heidelberg, S. 34-49.

MAYRING, P. (2010): Qualitative Inhaltsanalyse. Grundlagen und Techniken. 11. Auflage. Weinheim und Basel.

MAYRING, P. (2007): Qualitative Inhaltsanalyse. Grundlagen und Techniken. 9. Auflage. Weinheim und Basel.

MAYRING, P. (2000): Qualitative Inhaltsanalyse. In: Forum Qualitative Sozialforschung. Vol. 1, Nr. 2, Art. 20. URL: http://www.qualitative-research.net/index.php/fqs/article/view/ 1089/2383 (Stand: 05.11.2016).

MEIER, A. (1989): Von der enzyklopädischen Studienreise zur ästhetischen Bildungsreise. Italienreisen im 18. Jahrhundert. In: BRENNER, P. (Hrsg.): Reisebericht. Frankfurt am Main, S. 284-306.

MILLER, R. (1993): Zeiterleben. In: HAHN, H. und H.J. KAGELMANN (Hrsg.): Tourismuspsychologie und Tourismussoziologie. Ein Handbuch zur Tourismuswissenschaft. München, S. 230-238.

MILLIET, E.W. (1923): Die schweizerische Landschaft als Grundlage der Fremdenindustrie. In: Zeitschrift für Schweizerische Statistik und Volkswirtschaft 59, S. 3-30.

MUNDT, J. W. (2013): Tourismus. München. 4. Auflage.

OPASCHOWSKI, H.W. (2002): Wir werden es erleben: zehn Zukunftstrends für unser Leben von morgen. Darmstadt.

OPASCHOWSKI, H.W. (1999): Umwelt. Freizeit. Mobilität. Konflikte und Konzepte. 4. Band der Freizeit- und Tourismusstudien. 2., völlig neu bearbeitete Auflage von 'Ökologie von Freizeit und Tourismus' von 1991. Opladen.

OPASCHOWSKI, H.W. (1996): Tourismus. Systematische Einführung – Analysen und Prognosen. 2., völlig neu bearbeitete Auflage. Die erste Auflage erschien 1989 unter dem Titel 'Tourismusforschung'. Opladen.

PETRARCA, F. (1980): An Francesco Dionigi von Borgo San Sepolcro in Paris. In: EPPELSHEIMER, H.W. (Hrsg.): Dichtungen, Briefe, Schriften. Frankfurt am Main, S. 88-98.

PETERMANN, T. (1998): Folgen des Tourismus. In: Studien des Büros für Technikfolgen-Abschätzung beim Deutschen Bundestag (Hrsg): Gesellschaftliche, ökologische und technische Dimensionen. Bd 1. Berlin.

POTT, A. (2007): Orte des Tourismus. Eine raum- und gesellschaftstheoretische Untersuchung. Bielefeld

PRAHL, H.-W. und A. STEINECKE (1979): Der Millionen-Urlaub: Von der Bildungsreise zur totalen Freizeit. Darmstadt.

PLATON (1990): Timaios. In: GUNTHER, E. (Hrsg.): Werke in acht Bänden. Bd. 7. Übers. v. MÜLLER, H. und F. SCHLEIERMACHER. 2. Auflage. Darmstadt, S. 1-210.

RAMSENTHALER, C. (2013): Was ist „Qualitative Inhaltsanalyse?". In: SCHNELL, M. W.; SCHULZ, C., KOLBE, H. und DUNGER, C. (Hrsg.): Der Patient am Lebensende. Eine Qualitative Inhaltsanalyse. Wiesbaden, S. 23-42.

REISS, S. (2009): Das Reiss Profile. Die 16 Lebensmotive. Welche Werte und Bedürfnisse unserem Verhalten zugrunde liegen. Offenbach.

RHEINBERG, F. (2002). Motivation. 4. Auflage. Stuttgart.

RIDDER-SYMOENS, H. (1989): Die Kavalierstour im 16. und 17. Jahrhundert. In: BRENNER, P. (Hrgs.): Reisebericht. Frankfurt am Main, S. 197-223.

ROBEL, G. (1980): Reisen und Kulturbeziehungen im Zeitalter der Aufklärung. In: KRASNOBAEV, B.I.; ROBEL, G. und H. ZEMAN (Hrsg.): Reisen und Reisebeschreibungen im 18. und 19. Jahrhundert als Quellen der Kulturbeziehungsforschung. Berlin, S. 9-37.

ROUSSEAU, J.J. (1957): Émile ou de l´éducation. Paris.

RUDINGER, G. und R. SCHMITZ-SCHERZER (1975): Motivation und Reisen. In: SCHMITZ-SCHERZER, R. (Hrsg.): Reisen und Tourismus, Darmstadt, S. 4-17 (Praxis der Sozialpsychologie; 4).

SCHÄFER, R. (2015): Tourismus und Authentizität. Zur gesellschaftlichen Organisation von Außeralltäglichkeit. Bielefeld.

SCHMALT, H.-D. und T.A. LANGENS (2009): Motivation. 4. Auflage. Stuttgart.

SCHMUDE, J. und NAMBERGER, P. (2002): Tourismusgeographie. München.

SCHNELL, T. (2016): Praxisbuch. Moderne Psychotherapie. Der Guide bei komplexen Störungsbildern. Hamburg

SCHOBER, R. (1993): (Urlaubs-)Erleben, (Urlaubs-)Erlebnis, In: HAHN, H. und H.J. KAGELMANN (Hrsg.): Tourismuspsychologie und Tourismussoziologie. Ein Handbuch zur Tourismuswissenschaft. München, S. 137-140.

SCHRAND, A. (1993): Urlaubertypologien. In: HAHN, H. und H.J. KAGELMANN (Hrsg.): Tourismuspsychologie und Tourismussoziologie. Ein Handbuch zur Tourismuswissenschaft. München, S. 547-553.

SCHULZE, G. (2005): Die Erlebnisgesellschaft. Kultursoziologie der Gegenwart. 2. Auflage. Frankfurt/New York.

SCHULZE, G. (2003): Die beste aller Welten. Wohin bewegt sich die Gesellschaft im 21. Jahrhundert? München/Wien.

STACH, R. (1970): Robinson der Jüngere als pädagoggisch-didaktisches Modell des philanthropistischen Erziehungsdenkens. Studie zu einem klassischen Kinderbuch. Ratingen u.a..

STAGL, J. (1992): Ars Apodemica: Bildungsreisen und Reisemethodik von 1500 bis 1600. In: ERTZDORFF, X. V. und D. NEUKIRCH (Hrsg): Reisen und Reiseliteratur im Mittelalter und in der frühen Neuzeit. 13. Bd. (Chloe. Beihefte zum Daphins). Amsterdam/Atlanta, S. 141-189.

STEINECKE, A. (2011): Tourismus. Eine geographische Einführung. 2. Auflage. Braunschweig.

STEINECKE, A. (2010): Populäre Irrtümer über Reisen und Tourismus. München.

STEINECKE, A. (2006): Tourismus. Eine geographische Einführung. Braunschweig.

STEINECKE, A. (2002): 'Reiseentscheidung'. In: BRUNOTTE, E., H. GEBHARDT, M. MEURER, P. MEUSBURGER und J. NIPPER (2002): Lexikon der Geographie. 4 Bd. Heidelberg/Berlin, S. 141.

TAYLOR, J. P. (2000): „Authenticity and Sincerity in Tourism". In: Annals of Tourism Research, Vol. 28., No. 1., S. 7-26. Elsevier. URL: http://www.academia.edu/1816889/ Authenticity_and_sincerity_in_tourism (Stand: 23.10.2016).

VESTER, H.-G. (1993): Authentizität, in: HAHN, H. und H.J. KAGELMANN (Hrsg.) Tourismuspsychologie und Tourismussoziologie. Ein Handbuch zur Tourismuswissenschaft, München, S. 122-124.

VOGEL, H. (1993): Landschaftserleben, Landschaftswahrnehmung, Naturerlebnis, Naturwahrnehmung. In: HAHN, H. und H.J. KAGELMANN (Hrsg.) Tourismuspsychologie und Tourismussoziologie. Ein Handbuch zur Tourismuswissenschaft, S. 286-293.

WEINKAUFF, G. und G. VON GLASENAPP (2010): Kinder- und Jugendliteratur. Paderborn.

WOLF, G. (1989): Die deutschsprachigen Reiseberichte des Spätmittelalters. In: BRENNER, P.: Reisebericht. Frankfurt am Main, S.81-116.

ZEHRER, A. (2010): Authentizität – Inszenierung. Die subjektive Wahrnehmung des touristischen Produkts, in: EGGER, R. und T. HERDIN (Hrsg.): Tourismus im Spannungsfeld von Polaritäten, Berlin, S. 259-274.

9 Anhang

Entwicklung des Reisens in der Literatur

Schon die Philosophie der Antike zeigt in der *Odyssee* des griechischen Dichters Homer eine Art 'Vergnügungsreise'. In seiner „mannigfaltigen Irrfahrt" erlernt Odysseus „Sinnen und Trachten" anderer, während er auf See „um die eigene Seele" sowie die „seiner Gefährten" bangt (HOMER 2014, S. 2). Platon, ebenfalls Philosoph der griechischen Antike, sieht im „Schaukeln auf Seereisen" einen Heilungsprozess, welchen er auf „Leibesübungen" zur „Reinigung und Wiederherstellung des Körpers" überträgt (PLATON 1990, V. 89a). Das Reisen mit Zweck zur psychischen Heilung findet sich auch in den Pilgerreisen des Mittelalters wieder (HERBERS 1991, S. 23-31). Neben diesen galten Reisen mit Erwerbszweck, wie die Wanderschaft junger Handwerksgesellen, Handels- und Entdeckungsreisen, im Mittelalter als üblich. Anfang des 14. Jahrhunderts schafft die *Göttliche Komödie* einen Wendepunkt: „Ihr sollt nach Tugend und nach Wissen streben" heißt es im Inferno, 26. Gesang des italienischen Dichters Dante Alighieri (1265-1321). Dantes Odysseus ist Reisender, der mit einem von der Hybris geleitetem Forschungsdrang ausgestattet ist: „In mir die heiße Glut [...], Die mich hinaustrieb, nach der Welt zu forschen Und nach den Lastern und dem Wert der Menschen" (ALIGHIERI 1986, Inferno, 26. Gesang). Francesco Petrarca (1304-1374), dem zunächst Dantes Nachfolge zugedacht ist, lebt dagegen seine humanistische Existenz. Er erfährt bei seiner Besteigung des Mont Ventoux (1336) ein neues Lebensgefühl und bezieht die Weite des Ausblicks auf die Größe der Seele: „Neben ihrer Größe ist nichts groß" (PETRARCA 1980, S. 96). Nach Ansicht Bollnows ist Petrarca ein Beispiel, der das „Erlebnis einer neuen Weite" erfahre und den „Wendepunkt auf dem Wege zum neuzeitlichen Raumgefühl" verkörpere (BOLLNOW 1963, S. 83; OPASCHOWSKI 1996, S. 75). Das Zusammenspiel von Körper und Natur führt bei Petrarca zu einem neuen Lebensgenuss und Blickwinkel in sein Inneres, welche in dieser Form für seine Zeit untypisch sind. Im 15. und 16. Jahrhundert folgen zahlreiche Forschungs- und Entdeckungsreisen, in denen Menschen ihre eigenen Beobachtungen und Erfahrungen machen, neue Kontinente erschließen und somit sich ein neues Weltbild schaffen (OPASCHOWSKI 1996, S. 72). Ende des 15. Jahrhunderts verachtet Conrad Celtis (1459-1508), deutscher Humanist und Dichter, die Sesshaftigkeit und den Stillstand. Durch das Reisen gelangt er zu einer echten Selbstverwirklichung seiner Persönlichkeit, in welcher sich seine inneren und äußeren Fähigkeiten entfalten. In *Lobpreis auf die Wanderschaft* erforscht Celtis sich selbst und gelangt zu einer eigenen Auseinandersetzung mit der Umwelt: „Willst' die geheimen Gründe der Natur du erkennen, / Selbst zu deinem Gewinn verschiedene Länder such' auf! ... Wohlan also, erwach' und wage, wovon die Jahrhunderte sprechen!" (CELTIS 1985, S. 24). Die Reiselust wird zu einer „neu erwachenden Lebenslust" (OPASCHOWSKI 1996, S. 65). Geistige und soziale Beschränkungen des Mittelalters werden aufgelöst. Es herrscht Aufbruch. Die humanistische Bewegung fördert die Dynamik der suchenden Menschen: „Wandern und Reisen werden fortan zu Medien der Selbstverwirklichung" (OPASCHOWSKI 1996, S. 65).

Das wachsende Interesse der Studierenden am Ursprung des Humanismus führt dazu, dass ihre Studienreisen „allmählich 'wissenschaftlicher', d.h. theoretisch fundiert" werden (RIDDER-SYMOENS 1989, S. 197f.). Mit der Methodisierung des Reisens im Zusammenhang mit der humanistischen Erziehungsform entstand 1577 die erste Apodemik[45] (KUTTER 1991, S. 38). Im Anschluss folgten bürgerliche Bildungsreisen mit humanistischem Bildungszweck. Reisen mit dem Interesse an Gefühlsbildung gewannen erst Mitte des 18. Jahrhunderts an Bedeutung; „man meinte zu reisen um des Reisens willen" (POTT 2007, S. 58). Reisen wird zur Methode der Selbstbestimmung und –erziehung (ROBEL 1980, S. 10). Rousseau (1712-1778), Goethe (1749-1832) u.a. gelten fortan aufgrund ihres Bildungseifers als vorbildliche Persönlichkeiten (OPASCHWOSKI 1996, S. 71). Das nun gültige Leitthema der Aufklärung lag in der Menschenbildung. Demzufolge wurde das Reisen in den Vorgang der Erziehung integriert. Am Ende des 18. Jahrhunderts lässt sich ein Paradigmenwechsel in den Reisegewohnheiten und –interessen verzeichnen. Das frühaufklärerische Streben nach Wissensaneignung wird durch das Reisen im Sinne von Wandern zum Zweck des romantischen Naturerlebens abgelöst (KUTTER 1991, S. 46). Das Landschafts- und Naturerlebnis werden als Bildungs- und Reiseerlebnis aufgegriffen und gelten fortan als 'emotionales Erlebnis'. Romantiker schreiben der Begegnung mit Natur und Geschichte das Gefühl der Empfindsamkeit, des inneren Erlebens zu. Erlebnis und Genuss wurden damit zur Hauptintention des Reisens (VOGEL 1993, S. 286). Verkündet wurde, dass ohne Absicht und Zwang gereist werden sollte und allein der Weg das Ziel wurde. Dennoch blieb das Augenmerk der Romantiker in ihrer Innerlichkeit. „Reisen sollte helfen, das eigene Wesen zu erforschen, Tiefen und Untiefen der Seele auszuloten" (GLEICH 1998, S. 88).

---

[45] „Apodemik" ist eine dem Griechischen nachempfundene, humanistische Wortschöpfung und leitet sich ab von dem griechischen Wort, welches so viel wie „das Haus verlassen, von zu Hause weg sein, verreisen" bedeutet (KUTTER 1991, 35). Apodemiken wurden meist in lateinischer Schrift abgefasst und stellten eine eigene Literaturgattung dar. Als apodemischen Handbücher befassten sie sich mehr mit der Kunst der Reisens als mit Informationen zu Sehenswürdigkeiten oder anderem Wissenswertem (KUTTER 1991, S. 38). Mit den Apodemiken entsteht auch für Wanderstudenten eine geeignete Reiseliteratur, die den veränderten gesellschaftlichen Veränderungen gerecht werden (RIDDER-SYMOENS 1989, S. 198):

Definitionen der Schlüsselwörter

Im Folgenden werden die beiden Schlüsselwörtern, ˈSinnˈ und ˈReiseˈ, definiert. Das Substantiv ˈReiseˈ ist eng mit dem Verb ˈreisenˈ verknüpft, sodass auch dieses kurz dargestellt wird.

Sinn

Der ˈSinnˈ ist ein zentraler Begriff der Logotherapie und der existenzanalytischen Anthropologie. Viktor E. Frankl (1905-1997), österreichischer Neurologe und Psychiater, versteht unter dem Sinn die eigentliche und tiefste Motivation des Menschen, welche die jeweilige Person in einer konkreten Situation als die wertvollste Möglichkeit ansieht. Grundsätzlich ist der ˈSinnˈ in jeder Lebenssituation auffindbar. In Anlehnung an die Schelerschen Wertelehre führt Frankl in seiner Wertetheorie drei Wertekategorien als ˈWege zum Sinnˈ auf: (1) ˈErlebniswerteˈ, (2) ˈSchöpferischen Werteˈ, (3) ˈEinstellungswerteˈ.

Die ˈErlebniswerteˈ umfassen etwas Wertvolles, das aus der Welt aufgenommen wird. Die ˈSchöpferischen Werteˈ klassifizieren sich dadurch, dass sie etwas Wertvolles durch eine Handlung oder Tat in die Welt gegeben. Die ˈEinstellungswerteˈ spiegeln die Selbstgestaltung wieder. Sie betrachten die Haltung, welche gegenüber des Leidens eingenommen wird (vgl. FRANKL 1984). Seiner Ansicht nach kann das Bergsteigen eine Hilfe bei der ˈSuche nach Sinnˈ sein. Er beschreibt das Bergsteigen als „ˈmoderneˈ Form der Askese in der Überflussgesellschaft" (FRANKL 1984; vgl. AUFMUTH 1989, S. 18-55). Gerhard Schulze (*1944), deutscher Soziologe und Professor für Methoden der empirischen Sozialforschung und Wissenschaftstheorie, sieht „Angst vor der Leere" als Gegenpol zum ˈBedürfnis nach Sinnˈ (SCHULZE 2003, S. 48). Beide Motive sind für Schulze zwei Seiten derselben Medaille (SCHULZE 2003, S. 48).

Reise und reisen

Der Wortgeschichte zufolge entstammt das neuhochdeutsche Wort ˈReiseˈ dem althochdeutschen Wort ˈreisaˈ, welches in der Zeit zwischen 750 und 1050 n. Chr. so viel wie (Heer)fahrt bedeutete. Der Endsilbenabschwächung folgend wurde aus dem althochdeutschen ˈreisaˈ im Mittelhochdeutsch: ˈreiseˈ. Neben der Bedeutung ˈ(Heer)fahrtˈ wurde die Bedeutung ˈAufbruchˈ hinzugenommen (BIBLIOGRAPHISCHES INSTITUT GMBH o.J.a, o.S.). Die Etymologie zeigt bereits eine Zweideutigkeit, welche einige Forscher auch im Folgenden und bis heute berücksichtigt. Heute betrachtet beispielsweise Opaschowski die ˈReiseˈ einerseits als „Fahrt nach Orten außerhalb des ständigen Wohnsitzes zwecks Erholung, Erlebnis, Sport, Bildung, Kultur, Vergnügen, geschäftlicher oder beruflicher Betätigung oder aus Anlaß familiärer Ereignisse" (OPASCHOWSKI 1996, S. 24) und andererseits als „Freiheit und Abenteuer und Risiko und Unsicherheit zugleich; [...] [die den Urlauber bzw. Reisenden] in eine ambivalente, instabile Stimmung" versetzt (ebd., S. 112; eigene Hervorhebung). Als Standardnachschlagewerk zur deutschen Sprache weist der Duden dem Wort 'Reise' folgende Bedeutung zu: „der Erreichung eines bestimmten Ziels dienende Fortbewegung über eine größere Entfernung [sowie] (Jargon) traumhafter Zustand des Gelöstseins nach der Einnahme von Rauschgift; Rausch" (BIBLIOGRAPHISCHES INSTITUT GMBH o.J.a, o.S.). Heutige Synonyme sind: „Ausfahrt, Ausflug, Exkursion, Expedition, Fahrt, Tour; (gehoben) Odyssee; (umgangssprachlich) Trip; (österreichisch umgangssprachlich) Rutscher sowie Rausch; (Jargon) Trip" (ebd., o.S.). Das hochdeutsche Verb 'reisen' ist auf das althochdeutsche 'rīsan' zurückzuführen. Gleich dem mittelhochdeutschen 'rīsen' tragen beide die Bedeutung: „sich erheben, steigen, fallen" (ebd., o.S.). Der Duden weist dem Verb 'reisen' heute drei Bedeutungen zu: (1) eine Reise machen, (2) eine Reise antreten, abfahren, abreisen und (3) Reisen unternehmen, viel unterwegs sein, sich oft auf Reisen (ebd., o.S.). Bis zum Ende des 18. Jahrhunderts lieferten methodologische Traktate Definitionen und Verhaltensweisen über das Reisen. Als 'das richtige Reisen' galt 'peregrinari'. Bestimmt wurde es durch den Erwerb von Bildung und nützlichem Wissen. 'Vagari', welches das zweck- und nutzlose Umherschweifen bezeichnete, wurde 'peregrinari' zur Abgrenzung entgegen gestellt (STAGL 1992, S. 165). Opaschowski definiert 'reisen' wie folgt: „Reisen ermöglicht Orts-, Szenen- und Rollenwechsel. Reisen bietet die Chance, zeitweilig die Seele vom Alltagsballast zu befreien. Für viele Menschen sind Mobilität und Unterwegssein zur Passion geworden – in dem Doppelsinn des Wortes Leidenschaft, in dem Leiden und Lust nahe beieinander liegen, wie Abschied und Heimkehr" (OPASCHOWSKI 1999, S. 41; ebd. 1996, S. 5).

Während 'die Reise' für eine 'Idee' und ein 'Paradigma' steht, zielt 'reisen' auf eine Horizont erweiternde 'Tätigkeit' ab, welche sich zunächst am Motiv, der Idee, bewähren muss. Kennzeichen der 'Idee' sind Ästhetik, Forschungsinteresse oder Ethik. Relevant ist das Ziel sowie der Nutzen an ihm (KUHFELD 2010, S. 14).

Der Reisebericht wird in der Literatur häufig im Zusammenhang mit einer Reise bzw. dem Reisen genannt. Hierbei handelt es sich meist um autobiographische Berichte, welche empirisch das Geschehene, das Erfahrene, das Erlebte sowie die Ziele beschreiben. Moralische Gesichtspunkte gelangen, erst nach der Aufklärung ins Zentrum der Betrachtung. Hierbei stehen die Reisen für 'Selbst-Behauptung' und 'Selbst-Versicherung' (KUHFELD 2010, S. 14).

Ergänzungen zu den Theorien und Konzepten

Im Folgenden werden die Theorie der Nicht-alltäglichen Welten sowie das Konzept der 'Authentizität' als Teil der Fluchttheorie sowie das Konzept 'Zeiterleben' näher erläutert.

Nicht-alltägliche Welten - die 'Idee der Metamorphose'

Urlaub bzw. Reisen stellt der Theorie der nicht-alltäglichen Welten eine Gegenwelt zum Alltag dar. Bei dieser Theorie liegt der Wunsch im Wechsel; von der gewöhnlichen zur außergewöhnlichen Erfahrung (KULINAT 2007, S. 100). Teile dieser nicht-alltäglichen Welten sind u.a. Feste und Rituale. Sie haben ihren Ursprung im Religiösen und dienen bereits seit dem Mittelalter als „gesellschaftliche Ventilfunktion" (HENNIG 1997, S. 91). Sie unterliegen zudem meist nur einer geringen sozialen Kontrolle. Touristische Reisen übernehmen heute die Funktionen herkömmlicher Rituale und Feste. Sie erweisen sich aufgrund ihres relativ langen Zeitraums als geeignet. Partiell wird kollektive Erfahrung erlebt. Auch wird der Körper in die räumliche Bewegung mit einbezogen. Durch Lösung aus ihrer gewohnten Umwelt haben Reisende die Möglichkeit jemand anderes zu werden. Einige sehen im Reisen ein 'Spiel'. Ähnlich dem Spielcharakter verbinden sie Reisen mit einer freien, wenn auch räumlich und zeitlich abgegrenzte Aktivität. Sie schlüpfen in dieser Zeit 'spielerisch' in eine neue soziale Rolle. Dabei verwerfen sie gesellschaftliche Zwänge und auch Zuweisungen, die ihre Persönlichkeit betreffen Die 'Idee der Metamorphose' ist hierbei die Grundvorstellung, welches als besondere Form der 'Selbstverwirklichung' betrachtet werden kann. Sie spiegelt sich im Traum jemand anders zu werden wieder. Neben dem Wunsch der gewohnten Umgebung zu entfliehen, ist auch das Entkommen der Begrenzung des eigenen Ichs von Bedeutung. Während soziale Ordnung und persönliche Identität dem Menschen einerseits Sicherheit geben, belastet die soziale Norm auch andererseits. Sie sichert die physische Existenz, belastet aber zugleich durch ihre Begrenzung die psychische Existenzgrundlage. Ein wesentliches Regulativ fehlt unserer aus Ordnungsprinzipien bestehenden Gesellschaft. Während der Ausdruck von Emotionen für das Kind noch erlaubt und als selbstverständlich gelten, wird im Erwachsenenalter die Zurückhaltung gefordert. Die Folge dieser Unterdrückung führt dazu, dass starke psychische Kräfte bzw. Bedürfnisse hinausdrängen. Platz finden sich jedoch nicht im Alltag, sondern eben, wie beschrieben, bei Festen, Ritualen oder auf Reisen. Auch wenn der Tourismus hierzu heute meist nur in abgeschwächter Form auftritt, stellt er eine außergewöhnliche und meist sehr emotionale Erfahrungswelt dar. Das Theater, die bildende Kunst, die Literatur und der Film erlauben ebenfalls den Träumen und unterdrückten Bedürfnissen nachzukommen. Hier wird eine vorübergehende Befreiung der Last der Norm erfahren (vgl. HENNIG 1997, S. 74-93; KULINAT 2007, S. 101; STEINECKE 2011, S. 48).

ˈAuthentizitätˈ als ˈechtes Erlebnisˈ

Ein Gegenzug zur wachsenden Erlebnisorientierung ist die Forderung nach Authentizität (ZEHRER 2010, S. 259). Authentizität ist seit Mitte der 1970er Jahre ein verbreitetes Konzept in der Tourismusforschung. Es beruht auf der ˈEchtheitˈ von Erfahrungen und Erlebnissen (VESTER 1993, S. 122). Historische Kontexte bilden dabei die Basis der Echtheit und Ausgangspunkt der Authentizität. „Als authentisch gilt das Alte, die Tradition, das Erbe, die Geschichte" (SCHÄFER 2015, S. 29). Nach Taylor liegt authentische touristische Erfahrung, wenngleich er diese als ˈaufrichtigˈ betitelt, nicht in irgendwelchen Darbietungen, sondern in der lebendigen Begegnung, im direkten Kontakt mit der Kultur (vgl. TAYLOR 2000). Alltag, soziale Beziehungen und Medien sind Ursache dafür, dass Menschen nach Authentizität suchen (EDENSOR 2009, S. 305). Aufgeklärte Reisende suchen ˈechteˈ Erlebnisse statt arrangierte Touristenspektakel. Sie bevorzugen Volksfeste und unverfälschte regionale Gerichte in traditionellen Kneipen (HENNIG 1997, S. 22). Dabei wird genau das Unberührte, wonach gesucht wird, im Augenblick des Findens zerstört (SCHÄFER 2015, S. 21).

ˈZeiterlebenˈ

Das ˈZeiterlebenˈ nach Miller verstehen Hahn/Kagelmann in ihrem Handbuch zur Tourismuspsychologie und –soziologie als eigenständiges Konzept. Es spiegelt das Leben aller Lebewesen in der Zeit wider und beinhaltet „eine Vielzahl von Veränderungen in ihrer Umwelt und im eigenen Organismus" (MILLER 1993, S. 230). ˈVeränderungenˈ sind gekoppelt an die bewusste Wahrnehmung des Erlebens sowie die Reflektion des Veränderungsprozesses. Von Bedeutung sind hierbei zwei Pole; zum einen die „Zeit als Erkenntnisgegenstand der Natur außerhalb der menschlichen Erfahrung" und zweitens die „Zeit als im Menschen existierende Größe vor jeder menschlichen Erfahrung" (ebd., S. 231f.). Neben situationsspezifische müssen auch situationsübergreifende Merkmale bei der Analyse des Zeiterlebens beachtet werden. Diese spiegeln sich in den Werten und Normen der Gesellschaft wider (ebd., S. 230-236).

Motivgenese - Faktorenanalyse

Durch Forschungsarbeit des Starnberger Studienkreis für Tourismus und der Erstellung
der Reiseanalyse liegen vereinzelnd auch Beiträge zur Motivgenese, Anfänge, Entwicklung und Änderung einzelner Motive, vor.

Forscher haben anhand eigener Faktorenanalysen eigene Modelle zur Charakterisierung
von Reisemotiven erstellt. Kanthak beispielsweise ermittelte bereits 1973, basierend auf
der Reiseanalyse, Motivdimensionen, welche erstmals in vier Faktoren zusammenfasst:
'Erholung und neue Kraft schöpfen', 'Bildung', 'Vergnügen und Unterhaltung' sowie
'Sport' (vgl. KANTHAK 1973, zit. in BRAUN 1993, S. 204). 1987 extrahieren Loh-
mann/Wohlmann insgesamt 11 Faktoren; Hauptfaktor bleibt die 'Erholung' (vgl. LOHMANN
und WOHLMANN 1987, zit. in BRAUN 1993, S. 204).

Neben den Faktorenanalysen untersuchten Wissenschaftler verschiedene Urlaubstypen.
1974 differenzierte Hahn bereits Persönlichkeitsmerkmale, Einstellungen und Aktivitäten,
sodass er zwischen sechs Typen von Urlaubern unterscheiden konnte: 1. dem Erho-
lungsurlauber, welche sich nach Sonne, Sand und See sehnt, 2. dem Erlebnisurlauber,
welcher die Ferne und den Flirt bevorzugt, 3. dem Bewegungsurlauber, welcher Wert auf
Wald und Wandern legt, 4. dem Sporturlauber, der Wald und Wettkampf benötigt, 5. dem
Abenteuerurlauber, der Aufregung und Neues verlangt und 6. dem Bildungs- und Besich-
tigungsurlauber, für den Sehenswürdigkeiten und Emotionen an erster Stelle im Urlaub
stehen (vgl. HAHN 1974, zit. in SCHRAND 1993, S. 547-553). Auch E. Cohen (1979) unterscheidet zwischen fünf Typen; dem Erholungs-, dem Ablenkungs-, dem Erfahrungs-, dem
Experimentier- und dem Existenztypen (vgl. COHEN 1979, 1988). Er folgte dem phäno-
menologischen Forschungsansatzes und untersuchte, welche Rolle die Urlaubserfahrung
für das alltägliche Leben spielt (vgl. COHEN 1979, 1988).

Nach Auffassung von Prahl/Steinecke (1979) unterscheidet die Motivforschung folgen-
dermaßen: „Die Motive werden differenziert nach physischen (z.B. Sonnenhunger, Bewe-
gungsbedürfnis, Ruhe usw.), psychischen (z.B. Selbstbestätigung, Kontakte, Abenteuerlust) oder exogenen Kräften (z.B. Landschaftsinteresse, Stadtflucht, Rollenwechsel, Ge-
sundheitsideologie) untersucht" (PRAHL und STEINECKE 1979, S. 196).

Die Motivations- und Motivforschung hat Reise-, Urlaubs- oder Urlaubsreisemotive teilweise sehr differenziert untersucht und kritisiert. Die folgende Darstellung zeigt bereits
eine Vielfalt der Forschungsweise.

Seit 1970 liefert zunächst der ʼStarnberger Studienkreis für Tourismusʼ und anschließend die Kieler ʼForschungsgemeinschaft Urlaub und Reisen e.V.ʼ[46] Daten zur Auswertung von Urlaubsreisemotiven in Form einer jährlichen Reiseanalyse, welche Aufschluss über das Reiseverhalten der Deutschen gibt (FUR 2009, 25; ebd. 2015, S. 81f.; KULINAT 2007, S. 97; STEINECKE 2011, S. 48f.; BRAUN 1993, S. 202f.). Neben allgemeinen Bedürfnissen, wie z.B. dem nach sozialer Anerkennung, spielen spezifische Urlaubswünsche und bestimmte Erwartungen das Angebot betreffend im empirischen Erklärungsansatz eine Rolle. Zur Differenzierung zwischen Bedürfnissen und Wünschen müssen die Befragten über ein entsprechend hohes Bewusstsein zur Reflexion und Artikulation verfügen. Aktuell differenziert die RA 2015 zwischen sieben Gruppierungen: 1. Entspannen, erholen, frei sein, 2. Sonne, Spaß, Menschen, Genuss, 3. Neues erleben, 4. Natur und Gesundheit, 5. Familie, 6. Begegnung und 7. Risiko – aktiv (FUR 2015, S. 82).

Im Folgenden werden neben den empirischen Erklärungsansätzen auch die theoriegeleiteten Erklärungsansätze vorgestellt.

Empirische Erklärungsansätze

Zu den empirischen Erklärungsansätzen gehören die Reiseanalysen. Zur Übersicht und Vergleichbarkeit unterschiedlicher Auffassung verschiedener Reisemotive wurden folgende Tabellen erstellt:

1. Reisemotive nach Hartmann (1962)
2. Reisemotive und Urlaubserwartungen in Form von RA 1973, RA 1980 sowie RA 1990 des Starnberger Studienkreis für Tourismus
3. Urlaubsmotive nach Opaschowski (1996)
4. Urlaubsmotive und -erwartungen in Form von RA 2000, RA 2004, RA 2009, RA 2015 der FUR

---

[46] Forschungsgemeinschaft Urlaub und Reisen e.V. im Folgenden abgekürzt: FUR

Reisemotive nach Hartmann (1962)

Hartmann stellt in seiner Studie vier Gruppen von Reisemotiven dar (vgl. HARTMANN 1962, zit. in BRAUN 1993, S. 200).

Tab. 3: Vier Gruppen von Reisemotiven nach Hartmann (eigne Darstellung)

Erholungs- und Ruhebedürfnis	„Ausruhen, Abschalten, Herabsetzung geistig-seelischer Spannung, Minderung des Konzentrationsgrades"; „Abwendung von Reizfülle, keine Hast und Hetze"
Bedürfnis nach Abwechslung und Ausgleich	„Tapetenwechsel, Veränderung gegenüber dem Gewohnten"; „Neue Anregungen bekommen, etwas Neues, ganz anderes erfahren und erleben als das Alltägliche, neue Eindrücke gewinnen"; „im Alltag nicht beanspruchte Fähigkeiten verwirklichen, sich selbst entfalten, zu sich selbst kommen".
Befreiung von Bindungen	„Unabhängigkeit von sozialen Regelungen, tun, was man will, sich frei und ungezwungen bewegen, auf niemand Rücksicht nehmen"; „Befreiung von Pflichten, Ausbrechen aus den alltäglichen Ordnungen".
Erlebnis- und Interessenfaktoren	„Erlebnisdrang, Neugierde, Sensationslust"; „Reiselust, Fernweh, Wanderlust"; „Interesse an fremden Ländern, Menschen und Kulturen"; „Kontaktneigung"; „Geltungsstreben, `oben sein`, sich bedienen lassen".

**Reisemotive und Urlaubserwartungen der RA 1973, RA 1980, RA 1990
des Starnberger Studienkreis für Tourismus**

Der Starnberger Studienkreis für Tourismus stellt in seinen Reiseanalysen der Jahre
1973, 1980 sowie 1990 sechs Gruppen von Reisemotive vor (vgl. LAßBERG und STEIN-
MASSL 1991, zit. in BRAUN 1993, S. 202-203):

Tab. 4: Sechs Gruppen von Reisemotiven der RA 1973, RA 1980, RA 1990 (eigne Darstellung)

Entspannung **Besinnung** **Gesundheit**	„Abschalten, ausspannen" „Frische Kraft sammeln, auftanken" „Zeit füreinander haben" „sich verwöhnen lassen, sich etwas gönnen, genießen" „viel Ruhe, nichts tun, nicht anstrengen" „etwas für die Gesundheit tun, Krankheiten vorbeugen „etwas für die Schönheit tun, braun werden"
Abwechslung **Erlebnis** **Geselligkeit**	„Aus dem Alltag herauskommen, Tapetenwechsel"" „Gut essen" „mit anderen Leuten zusammensein, Geselligkeit haben" „viel erleben, Abwechslung haben" „viel Spaß und Unterhaltung haben, sich vergnügen, amüsieren" „Urlaubsbekanntschaften machen" „Verwandte, Bekannte, Freunde wiedertreffen" „Flirt und Liebe"
Eindrücke **Entdeckung** **Bildung**	„ganz neue Eindrücke gewinnen, etwas anderes kennenlernen" „Andere Länder erleben, viel von der Welt sehen, Einheimische kennenlernen" „viel herumfahren, unterwegs sein" „den Horizont erweitern, etwas für Kultur und Bildung tun" „Erinnerungen (an eine Gegend, einen Ort) auffrischen" „auf Entdeckungen gehen, ein Risiko auf sich nehmen, etwas Außergewöhnlichem begegnen"
Selbstständigkeit **Besinnung** **Hobbies**	„tun und lassen können, was man will, frei sein" „sich eigenen Interessen widmen" „sich auf sich selbst besinnen, Zeit zum Nachdenken haben" „Hobbies, Liebhabereien machen"
Natur erleben **Umweltbewußtsein** **Wetter**	„Natur erleben" „Reine Luft, sauberes Wasser, aus der verschmutzten Umwelt herauskommen" „In die Sonne kommen, dem schlechten Wetter entfliehen"
Bewegung **Sport**	„sich Bewegung verschaffen, leichte sportliche und spielerische Aktivitäten" „Aktiv Sport treiben, sich trimmen"

Urlaubsmotive nach Opaschowski (1996)

Das Haupturlaubsmotiv 'Erholung' stellt nach Opaschowski mittlerweile ein dreidimensio-
nales Motivbündel mit je drei bis vier Urlaubsmotiven dar: (1) Sonne, Ruhe und Natur, (2)
Kontrast, Kultur, Kontakt und Komfort und (3) Spaß, Freiheit und Aktivität (vgl. OPASCHO-
WSKI 2002; ebd. 1996, S. 120-126).

Tab. 5: Dreidimensionale Motivbündel des Haupturlaubsmotivs Erholung nach Opaschowski (eigne Darstellung)

E **r** **h** **o** **l** **u** **n** **g**	**Sonne**	„Sehnsucht zur Sonne" „Süden und Sommer, Wärme und Wasser, Strand und Sonnenbad" „Sonnenlicht" / „Palmen oder Sonnenschirme" / „Liegestuhl"
	Ruhe	„Kein Streß, keine Hektik mehr" „soll die Seele und die Nerven beruhigen" „Ausschlafen und erholen" „alles in Ruhe angehen lassen" „an die eigene Gesundheit denken" „Ruhe ist nicht nur eine Frage äußerer Stille, sondern innerer Muße und Beschau- lichkeit. Man möchte im Urlaub seinen inneren Frieden wieder"
	Natur	„das Grüne" / „die idyllische Landschaft" / „die freie unberührte Natur" „schöne Natur um sich haben" „Ursprüngliches, Unverfälschtes und Naturbelassenes erleben"
	Kontrast	„Gegenwelt zum Alltag" „Tapetenwechsel" „aus dem Alltagstrott kommen" „die eigenen vier Wände hinter sich lassen" „Gelegenheit zum Anders-Leben, zum Ausstieg auf Zeit oder zur Probefahrt ins Alternative" „Das ganz Andere, das Neue und das Fremde, das Nichtalltägliche, das Außer- gewöhnliche und der Ereignischarakter werden gesucht – allerdings gering do- siert als kalkuliertes Abenteuer"
	Kultur	„Kulturelle Ereignisse werden zum touristischen 'Muß' für viele" „Das wachsende Interesse an der Kultur ist auch eine Folge der Bildungsexplosi- on der letzten Jahre"
	Kontakt	„Kontakt nach innen und nach außen" „Man möchte einerseits mit der Familie zusammensein und gleichzeitig mit ande- ren Menschen zusammenkommen"
	Komfort	„bequem und komfortabel verreisen"
	Spaß	„Der Alltag ist hart und ernst genug" „die schönsten Wochen des Jahres müssen ganz einfach Spaß und Freude ma- chen" „Suche nach Ablenkung, Zerstreuung und Vergnügen" „Spaß muß nicht nur Action und Spannung" „Spaß kann auch inneres Vergnügen und Entspannung sein"
	Freiheit	Man „will kein Programm und keine Planung haben" „eine Zeit gesteigerter Spontaneität" „Man möchte nur das tun, was einem gefällt" Man „legt Wert auf Frei-Sein", 'Frei-sein' im Sinne von „das Freisein 'für etwas'" „Man möchte ungezwungen und unabhängig sein, sich geben und kleiden, wie man will und essen, was und soviel man will"
	Aktivität	Überwindung der „Trägheit und Bequemlichkeit des Alltags" „Ausgleich zur Passivität am Feierabend sein" „Urlaub ist Aktivzeit" / „intensiv leben und erleben" / „viel Sport treiben" „gut essen" / „viel unternehmen" / „für die Bildung etwas tun"

Urlaubsmotive der RA 2000, RA 2004, RA 2009 sowie RA 2015 der FUR

Die FUR hat in den Jahren 2000, 2004, 2009 sowie 2015 Reiseanalysen mit sieben Gruppen von Urlaubsmotiven veröffentlicht (FUR 2009, S. 25; FUR 2015, S. 81, 82).

Die ursprünglichen sechs Gruppen des Starnberger Studienkreises für Tourismus wurden in der Titelbezeichnung vereinfacht und um eine Gruppe ergänzt.

Tab. 6: Sechs Gruppen von Urlaubsmotiven der RA 2000, RA 2004, RA 2009, RA 2015 (eigne Darstellung)

Entspannung	„Entspannung, keinen Stress haben, sich nicht unter Druck setzen" „Abstand zum Alltag gewinnen" „Frische Kraft sammeln, auftanken" „Frei sein, Zeit haben" „Ausruhen, Faulenzen"
Sonne **Spaß** **Menschen** **Genuß**	„Sonne, Wärme, schönes Wetter haben" „Spaß, Freude, Vergnügen haben" „sich verwöhnen lassen, sich etwas gönnen, genießen" „Gemeinsam etwas erleben, mit netten Leuten etwas unternehmen" „Neue Leute kennen lernen" etwas für die Schönheit tun, braun werden, schöne gesunde Farbe bekommen" „Sich unterhalten lassen" „Flirt / Erotik"
Neues erleben	„Neue Eindrücke gewinnen, etwas ganz anderes kennen lernen" viel erleben, viel Abwechslung, viel unternehmen „Unterwegs sein, herumkommen" „Andere Länder erleben, viel von der Welt sehen" „etwas für Kultur und Bildung tun"
Natur und Gesundheit	„Natur erleben (schöne Landschaften, reine Luft, sauberes Wasser)" „Gesundes Klima" „Etwas für die Gesundheit tun" „Leichte sportliche, spielerische Betätigung, Fitness" „Aus der verschmutzten Umwelt herauskommen"
Familie	„Zeit füreinander haben (Partner, Familie, Kinder, Freunde)" „Mit den Kindern spielen / zusammen sein"
Begegnung	„Wiedersehen (Erinnerungen an eine Gegend auffrischen)" „Kontakt zu Einheimischen"
Risiko – aktiv	„Aktiv Sport treiben" „Auf Entdeckung gehen, ein Risiko auf sich nehmen, Außergewöhnlichem begegnen"

Ablaufmodell

Mayring hat sowohl zur deduktiven als auch zur induktiven Kategorienbildung ein Ablaufmodell entworfen, welche zunächst als Hilfestellung zur Orientierung dienen sollen. Kennzeichen der Kategorienbildung ist die stetige Überarbeitung, sodass auch das Ablaufmodell individuell angepasst und abgewandelt werden kann und soll. Für diese, anschließende empirische Analyse ergibt sich folgendes Ablaufmodell (vgl. MAYRING 2000, RAMSENSTHALER 2013, S. 29).

(1) **Gegenstand und Fragestellung** (Theoretischen Grundlage)

(2) **Theoriegeleitete Festlegung der Strukturierungsdefinition**

    Festlegung des Analyseverfahrens,

    Definitionen der Haupt- bzw. ggfs. Unterkategorien (Theoretische Grundlage)

(3) **Deduktive Kategorienbildung** (Theoretische Grundlage)

    Erstellung eines deduktiven Kategoriensystems

    inkl. Definitionen der Ankerbeispiele und Kodierregeln durch 'Strukturierung' und

    'engen Explikation' aus theoretischen und empirischen Erklärungsansätzen

(4) **Deduktive Kategorienanwendung** (Literarische Beispiele)

    a. Brief aus dem 14. Jahrhundert

    b. Kinder- und Erziehungsbuch Ende des 18. Jahrhunderts

    Überprüfung des deduktiven Kategoriensystems mit Hilfe der 'Zusammenfassung'

(5) **Auswertung und Interpretation** der literarischen Beispiele

    a. Brief aus dem 14. Jahrhundert

    b. Kinder- und Erziehungsbuch Ende des 18. Jahrhunderts

Im Folgenden werden die einzelnen Schritte der deduktiven Kategorienbildung in Form von Tabellen dargestellt, welche den jeweiligen Kodierleitfaden zum vorläufigen Kategoriensystem abbilden.

Auffallend ist, dass bei den empirischen Erklärungsansätzen verschiedene Termini für die Bezeichnungen der untersuchten 'Reisemotive' vorliegen; vgl. Bedürfnisse bei Hartmann (1962) sowie Reise-, Urlaubs- oder Urlaubsreisemotive bei den ReiseAnalysen.

Tab. 7: Kodierleitfaden der deduktiven Kategorienbildung, 1. Schritt (eigne Darstellung)

Hauptkategorie	Definition	Ankerbeispiel	Kodierregel
Exploratives Erleben	Das Explorative Erleben umfasst „das suchende Informieren oder Erkunden, das spielerische Probieren, das Neugierigsein auf etwas Besonderes" (SCHOBER 1993, S. 138). Im Zentrum stehen die Sinne.	„Ein gelungener Urlaub zeichnet sich dadurch aus, daß er eine Alternative zum `langweiligen` Alltag mit seinen vorhersehbaren, bekannten, immer gleichen Strukturen bietet und sozusagen `wohldosierte` Reize schafft, ohne daß dies mit evidenten Gefahren, sichtbaren Angstreizen verbunden ist. (Beispiele: Bummeln in unübersichtlich-interessanten, aber nicht gefährlichen Bazaren; Ausprobieren von exotischen Speisen in vertrauter Hotelumgebung; Safari-Ausflüge unter Anleitung eines Führers usf.)" (SCHOBER 1993, S. 138).	
Biotisches Erleben	Das Biotische Erleben um fasst „alle Formen sonst nicht vorhandener, auch ungewöhnlicher Körperreize" (SCHOBER 1993, S. 138). Im Zentrum steht der Körper.	„kalkulierte Gebirgswanderungen; umfassendes Bräunungserlebnis; `frische Luft-Schnappen` auf einem stürmischen Segeltörn; aber auch olfaktorische Erlebnisse: unbekannte, `reiz-volle` Gerüche u.ä.) SCHOBER 1993, S. 138).	
Flow	Kennzeichen des `Flows` ist der Genuss, welcher durch einen ungewöhnlichen Körperreiz im Sinne einer physischen Aktivität hervorgerufen wird. Beim Flow fluten Endorphine den Körper nach extremer körperlicher Anstrengung und Belastung. Es handelt sich um eine intrinsische Motivation. Der Flow kann Einfluss auf die objektive Dauer wie z.B. den Tag-und-Nacht-Rhythmus haben (ANFT 1993, S. 141f., BRAUN 1993, S. 205; GLEICH 1998, S. 192; HENNIG 1997, S. 111; MILLER 1993, S. 232; MUNDT 2013, S. 137; STEINECKE 2011, S.48, 127).	Pilgerreisen werden als eine körperliche Betätigung angesehen, bei der Körper und Sinne sich verbinden. Sie zählen in zu Nichtalltäglichen Welten. Kennzeichen des Flows ist ein „kontinuierliches Fließen [...], es ist eine Selbstkommunikation" (CSIKSZENTMIHALYI 1985, S. 73). Zu den Tätigkeiten mit ungewöhnliche Körperreize zählen: Klettern, Wandern, Gleitschirmspringen, Wildwasserschwimmen, Bungee-Springen, Schachspielen, Operieren und Programmieren.	Die Flow-Erlebniskomponenten stellen eine Abgrenzung untereinander dar: Gefühl der Freude, Begeisterung; Tätigkeit als Herausforderung; Gleichgewicht von Anforderung und Können; Kontrolle; Prozesshaftigkeit; Bewegung im Fluss; Verlust des Gefühls für Zeit und Raum; Vergessen der Alltagssorgen; Transzendenz, Verschmelzungserfahrung; Wunsch nach Wiederholung (ANFT 1993, S. 142).

Tab. 8: Erweiterung des Kodierleitfadens durch theoretische Erklärungsansätze, 2. Schritt am Explorativen Erleben (eigne Darstellung)

Haupt-kate-gorie	theoretische Erklärungsansätze	
	Schlüssel-wörter	Explikation
E x p l o r a t i v e s E r l e b e n	Erlebnisdrang	'psychische Motivation' (vgl. KASPER 1993).
	Entdeckungs-drang	eine Entwicklung des elementaren, menschlichen Grundbedürfnisse bis hin zur Selbstverwirklichung (vgl. Bedürfnispyramide)
	Reiselust und Begierde nach Neuem	gehören zum Wesen der menschlichen Natur (PLINIUS XVII, zit. in OPASCHOWSKI 1999, S. 66). Angetrieben wird der Mensch durch den „Wunsch nach Wechsel und Bewegung, Unrast und Abenteuerlust" (ebd., S. 41; ebd. 1996, S. 33); „Innere Unruhe und Bewegungsdrang, die Flucht vor dem Alltag und Gewohnten sowie der Wunsch nach der Fremde und Ferne, nach Unbekanntem und Neuem" (ebd., S. 41; ebd. 1996, S. 33).
	Bedürfnis nach Kognition	eine Entwicklung der elementaren, menschlichen Grundbedürfnisse bis hin zur Selbstverwirklichung (vgl. Komplementärhaltung und Bedürfnispyramide); 'exploratorische Motivation' (REISS 2009, S. 59). Instinkt mit 'Erstaunen' als Emotion (KELLER 1981, S. 142). „Antrieb, neue Reize zu erkunden" (REISS 2009, S. 57). 'Bedürfnis nach Kognition', `Ideen` gelten als intrinsische Wertvorstellung (REISS 2009, S. 55).
	spezifisches Neugier-verhalten	Ursache: neuartige Reize in der Umwelt (SCHMALT und LANGENS 2009, S. 173). `Neugier` als `Spannungsreiz`, welcher in unerwarteten, ungewohnten Situationen entsteht. Ausgelöst wird es durch alles, was in einem Kontrast zum Alltag steht (vgl. SCHOBER 1993, S. 119-121). Aktivität, welche fremde Situationen und Personen aufsucht um zu interagieren und „etwas zu lernen oder den Reiz des Neuen zu erleben und auszukosten" (THOMAS 1993, S. 149). 'Staunen' als positive Emotion (REISS 2009, S. 55).
	diversives Neugier-verhalten erlebte Ereignislosig-keit	Ursache: reizarme, monotone Situationen, wie z.B. Langeweile als Auslöser (SCHMALT und LANGENS 2009, S. 173). Langeweile, Stille als psychophysische Sättigung (MILLER 1993, S. 232). 'Langeweile' kennzeichnet das 'innere Erleben' und stellt eine Form des 'Zeiterlebens' auf emotionaler Ebene dar. Sie wird vom Individuum bezogen auf das innere Erleben als 'leere Zeit' und äußerlich als 'leeres Geschehen' sowie „als das Ergebnis von Ereignislosigkeit" angesehen (MILLER 1993, S. 230ff.). Suche nach Alternative zum 'langweiligen' Alltag (Konträrhaltung) „Wunsch nach Abwechslung" und „Reisemotive wie Entspannung, Ablenkung, Freiheit und Kontrast zum Alltag" (STEINECKE 2011, S. 46, PETERMANN 1998, S. 125ff.) Nichtalltäglichen Welten als Gegenwelt zum Alltag, Beispiele: Feste, Rituale, touristische Reisen, Spiel im Sinne der Idee der Metamorphose, Aufsuchen von echten Erlebnissen (Authentizität); Reisen mit körperlicher Betätigung in Kombination, z.B. Pilgerreisen. 'Langeweile' sowie die 'Verwirrung' die negativen Emotionen der Neugier (REISS 2009, S. 55).

Hauptkategorie	theoretische Erklärungsansätze	
	Schlüsselwörter	Explikation
B **i** **o** **t** **i** **s** **c** **h** **e** **s** **E** **r** **l** **e** **b** **e** **n**	ungewöhnliche Körperreize	Ungewöhnliche Körperreize können in unterschiedlichen Spannungsfeldern erlebt werden; zwischen Natur- und Gemeinschaftserlebnis, Erholung und Risiko, Stimulierung und 'thrill' sowie im Zeiterleben in der Steigerung des physiologischen und psychologischen Stresserlebens.
	ungewöhnlicher Körperreiz (bei kalkulierten Gebirgswanderungen)	'Körperliche Aktivität' zählt als eines der 16 Grundbedürfnisse, bei dem Muskeltraining als das Ziel angesehen wird, 'Vitalität' als die positive Emotion und 'Ruhelosigkeit' als die dazugehörige negative Emotion. Die intrinsische Wertvorstellung liegt in der 'Fitness' (REISS 2009, S.55).
	ungewöhnliche Körperreize (bei umfassendem Bräunungserlebnis)	Gemäß der Bedürfnishierarchie ist 'Sonnenlust' ein touristisches Beispiel für Selbstverwirklichung (vgl. Bedürfnispyramide). Zum umfassenden 'Bräunungserlebnis' gehört auch die 'Erholung', welche von Kasper als 'physische Motivation' aufgefasst wird (KASPER 1993).
	ungewöhnliche Körperreize (bei 'frische Luft-Schnappen' auf einem stürmischen Segeltörn)	
	olfaktorische Erlebnisse: unbekannte, 'reizvolle' Gerüche u.ä.	

Tab. 10: Erweiterung des Kodierleitfadens durch empirische Erklärungsansätze, 3. Schritt am Explorativen Erleben (eigne Darstellung)

Haupt- kate- gorie	empirische Erklärungsansätze	
	Umschreibungen / Schlüsselwörter **Explikationen**	**Reisemotiv** **(und Urlaubserwartungen)**
E **x** **p** **l** **o** **r** **a** **t** **i** **v** **e** **s** **E** **r** **l** **e** **b** **e** **n**	Tapetenwechsel, Veränderung gegenüber dem Gewohnten; Neue Anregungen bekommen, etwas Neues, ganz anderes erfahren und erleben als das Alltägliche, neue Eindrücke gewinnen; im Alltag nicht beanspruchte Fähigkeiten verwirklichen, sich selbst entfalten, zu sich selbst kommen	**Bedürfnis nach** **Abwechslung** **und Ausgleich** (HARTMANN 1962)
	Erlebnisdrang, Neugierde, Sensationslust; Reiselust, Fernweh, Wanderlust; Interesse an fremden Ländern, Menschen und Kulturen; Kontaktneigung	**Erlebnis- und** **Interessenfaktoren** (HARTMANN 1962)
	Aus dem Alltag herauskommen; Tapetenwechsel; Gut essen; mit anderen Leuten zusammensein; Geselligkeit haben; viel erleben, Abwechslung haben; viel Spaß und Unterhaltung haben; sich vergnügen, amüsieren; Urlaubsbekanntschaften machen	**Abwechslung,** **Erlebnis,** **Geselligkeit** (RA 1973,1980, 1990)
	ganz neue Eindrücke gewinnen; etwas anderes kennenlernen; Andere Länder erleben, viel von der Welt sehen, Einheimische kennenlernen; viel herumfahren, unterwegs sein; den Horizont erweitern, etwas für Kultur und Bildung tun; Erinnerungen (an eine Gegend, einen Ort) auffrischen; auf Entdeckungen gehen, ein Risiko auf sich nehmen, etwas Außergewöhnlichem begegnen	**Eindrücke,** **Entdeckung,** **Bildung** (RA 1973, 1980 1990)
	Tapetenwechsel; aus dem Alltagstrott kommen; die eigenen vier Wände hinter sich lassen; Gelegenheit zum Anders-Leben, zum Ausstieg auf Zeit oder zur Probefahrt ins Alternative; Das ganz Andere, das Neue und das Fremde, das Nichtalltägliche, das Außergewöhnliche und der Ereignischarakter werden gesucht – allerdings gering dosiert als kalkuliertes Abenteuer	**Kontrast** im Sinne einer Gegenwelt zum Alltag (OPASCHOWSKI 1996, S. 125)
	Kulturelle Ereignisse werden zum touristischen 'Muß' für viele; Das wachsende Interesse an der Kultur ist auch eine Folge der Bildungsexplosion der letzten Jahre	**Kultur** (OPASCHOWSKI 1996, S. 128).
	Spaß, Freude, Vergnügen haben; Entdeckung, Risiko, etwas Außergewöhnlichem begegnen; Neue Eindrücke; Unterwegs sein; Andere Länder	**Neues Erleben** (RA 2000, 2004 und 2009
	Neue Eindrücke gewinnen, etwas ganz anderes kennen lernen; Viel erleben, viel Abwechslung, viel unternehmen; Unterwegs sein, herumkommen; Andere Länder erleben, viel von der Welt sehen; etwas für Kultur und Bildung tun	**Neues Erleben** (RA 2015)

Tab. 11: Erweiterung des Kodierleitfadens durch empirische Erklärungsansätze, 3. Schritt am Biotischen Erleben (eigne Darstellung)

Haupt-kate-gorie	Unterkategorie im Werden	empirische Erklärungsansätze	
		Umschreibungen / Schlüsselwörter Explikationen	Reisemotiv (und Urlaubs-erwartungen)
B i o t i s c h e s E r l e b e n	ungewöhnlicher Körperreiz (allgemein, nicht näher klassifiziert)	Veränderung gegenüber dem Gewohnten; Neue Anregungen bekommen, etwas Neues, ganz anderes erfahren und erleben als das Alltägliche, neue Eindrücke gewinnen	**Bedürfnis nach Abwechslung und Ausgleich** (HARTMANN 1962)
		Tapetenwechsel; aus dem Alltagstrott kommen; die eigenen vier Wände hinter sich lassen; Gelegenheit zum Anders-Leben, zum Ausstieg auf Zeit oder zur Probefahrt ins Alternative; Das ganz Andere, das Neue und das Fremde, das Nichtalltägliche, das Außergewöhnliche und der Ereignischarakter werden gesucht – allerdings gering dosiert als kalkuliertes Abenteuer	**Kontrast** im Sinne einer Gegenwelt zum Alltag (OPASCHOWSKI 1996, S. 125)
	ungewöhnlicher Körperreiz **körperliche Aktivität** (bei kalkulierten Gebirgswande-rungen)	Wanderlust	**Erlebnis- und Interessen-faktoren** (HARTMANN 1962)
		sich Bewegung verschaffen; leichte sportliche und spielerische Aktivitäten; aktiv Sport treiben, sich trimmen	**Bewegung, Sport** (RA 1973, 1980, 1990)
		auf Entdeckungen gehen; ein Risiko auf sich nehmen; etwas Außergewöhnlichem begegnen	**Eindrücke, Entdeckung, Bildung** (RA 1973, 1980, 1990)
		Überwindung der Trägheit und Bequemlichkeit des Alltags; Ausgleich zur Passivität am Feierabend sein, Urlaub ist Aktivzeit; intensiv leben und erleben; viel Sport treiben; gut essen; viel unternehmen; für die Bildung etwas tun	**Aktivität** (OPASCHOWSKI 1996, S. 128)
		leichte sportliche, spielerische Betätigung; aktiv Sport treiben	**Sport** (RA 2000, 2004, 2009)
	ungewöhnliche Körperreize **Erholung / Entspannung** (bei umfassendem Bräunungs-erlebnis)	Ausruhen, Abschalten, Herabsetzung geistig-seelischer Spannung, Minderung des Konzentrationsgrades; Abwendung von Reizfülle, keine Hast und Hetze	**Erholungs- und Ruhebedürfnis** (HARTMANN 1962)
		sich verwöhnen lassen, sich etwas gönnen, genießen; viel Ruhe, nichts tun, nicht anstrengen; etwas für die Gesundheit tun; Krankheiten vorbeugen; etwas für die Schönheit tun, braun werden	**Entspannung, Besinnung, Gesundheit** (RA 1973, 1980, 1990)
		Sehnsucht zur Sonne; Süden und Sommer, Wärme und Wasser, Strand und Sonnenbad; Sonnenlicht; Palmen oder Sonnenschirme; Liegestuhl	**Sonne** (OPASCHOWSKI 1996, S. 123)
		Kein Streß, keine Hektik mehr; soll die Seele und die Nerven beruhigen; Ausschlafen und	**Ruhe** (OPASCHOWSKI

		erholen; alles in Ruhe angehen lassen; an die eigene Gesundheit denken; Ruhe ist nicht nur eine Frage äußerer Stille, sondern innerer Muße und Beschaulichkeit. Man möchte im Urlaub seinen inneren Frieden wieder	1996, S. 123)
B **i** **o** **t** **i** **s** **c**	ungewöhnliche Körperreize **Erholung /** **Entspannung** (bei umfassendem Bräunungs-erlebnis)	Entspannung, keinen Stress haben, Abstand zum Alltag gewinnen, Frei sein, Zeit haben, Frische Kraft sammeln, auftanken; Zeit füreinander haben	**Entspannung** (RA 2000, 2004, 2009)
		Sonne, Wärme, schönes Wetter haben; Ausruhen, Faulenzen; sich verwöhnen lassen	**Genießen** (RA 2000, 2004, 2009)
h **e** **s** **E**	ungewöhnliche Körperreize **Selbst-** **verwirklichung** (bei umfassendem Bräunungs-erlebnis)	im Alltag nicht beanspruchte Fähigkeiten verwirklichen, sich selbst entfalten, zu sich selbst kommen	**Bedürfnis nach Abwechslung und Ausgleich** (HARTMANN 1962)
		Sehnsucht zur Sonne; Süden und Sommer, Wärme und Wasser, Strand und Sonnenbad; Sonnenlicht; Palmen oder Sonnenschirme; Liegestuhl	**Sonne** (OPASCHOWSKI 1996, S. 123)
r **l** **e** **b** **e** **n**	ungewöhnliche Körperreize **Natur erleben** (bei 'frische Luft-Schnappen' auf einem stürmischen Segeltörn)	Natur erleben; reine Luft, sauberes Wasser; aus der verschmutzten Umwelt herauskommen	**Natur erleben /** **Umweltbewusst-** **sein, Wetter** (RA 1973, 1980, 1990)
		das Grüne; die idyllische Landschaft; die freie unberührte Natur; schöne Natur um sich haben; Ursprüngliches, Unverfälschtes und Naturbelassenes erleben	**Natur** (OPASCHOWSKI 1996, S. 125)
		gesundes Klima; Natur erleben; Gesundheit	**Gesundheit,** **Natur** (RA 2000, 2004, 2009)

Haupt-kategorie	Unter-kategorie	Definition	Ankerbei-spiel	Kodierregel
A1 E x p l o r a t i v e s E r l e b e n Zentrum: Geist / Sinne	A1a_ **Kognitives Erleben**	Das 'Kognitive Erleben' spiegelt sich im 'Bedürfnis nach Kognition' wider. Hierbei handelt es sich um den Anspruch das Leben als sinnvoll zu empfinden. Es ist auf die Entwicklung der elementaren, menschlichen Grundbedürfnisse zurückzuführen, welche bis hin zur Selbstverwirklichung greifen (vgl. Bedürfnispyramide). Beim 'Kognitiven Erleben' handelt sich folglich um eine intrinsische und psychische Motivation, welche auch als Entdeckungs- oder Erlebnisdrang bezeichnet wird und der Komplementärhaltung zugeordnet werden kann. 'Ideen' gelten hierbei als intrinsische Wertvorstellung,	„Die menschliche Natur ist reiselustig und nach Neuem begierig!" (PLINIUS n.h. XVII, OPASCHOWSKI 1999, S. 41). touristische Beispiele: *Bildungsreisen* *Sprachreisen* *Pilgerreisen*	Es werden Aussagen kodiert, in denen sich das 'Kognitive Erleben' herleiten lässt. Hierzu zählen Synonyme wie Tapetenwechsel; im Alltag nicht beanspruchte Fähigkeiten verwirklichen, sich selbst entfalten, zu sich selbst kommen; Erlebnisdrang, Sensationslust; Reiselust, Fernweh; Interesse an fremden Ländern, Menschen und Kulturen; Kontaktneigung; aus dem Alltag bzw. Alltagstrott herauskommen; den Horizont erweitern, etwas für Kultur und Bildung tun; auf Entdeckungen gehen, ein Risiko auf sich nehmen, etwas Außergewöhnlichem begegnen; die eigenen vier Wände hinter sich lassen. Erhofft wird sich eine Gelegenheit zum Anders-Leben, zum Ausstieg auf Zeit oder zur Probefahrt ins Alternative; das ganz Andere, das Neue und das Fremde, das Nichtalltägliche, das Außergewöhnliche und der Ereignischarakter werden gesucht.
	A1b_ **Spezifisches Erleben**	Neuartige Reize in der Umwelt zählen als Auslöser des spezifischen Neugierverhaltens. Es handelt sich somit um eine extrinsische Motivation. Die 'Neugier' wird daher u.a. auch als 'Spannungsreiz' angesehen, welcher in unerwarteten, ungewohnten Situationen entsteht. Ausgelöst wird er durch alles, was in einem Kontrast zum Alltag steht.	touristische Beispiele: *Authentizität* = Aufsuchen von echten Erlebnissen in der Umwelt / Natur *Nichtalltägliche Welten* als Gegenwelt zum Alltag: Feste, Rituale, touristische Rei-	Es werden Aussagen kodiert, wenn in ihnen 'neuartige Reize aus der Umwelt' oder dazugehörige Synonyme und Begriffsassoziationen, wie z.B. Tapetenwechsel, Veränderung gegenüber dem Gewohnten; neue Anregungen bekommen, etwas Neues, ganz anderes erfahren und erleben als das Alltägliche, neue Eindrücke gewinnen; Abwechslung haben, etwas anderes

| A1

E
x
p
l
o
r
a
t
i
v
e
s

E
r
l
e
b
e
n

Zentrum:
Geist /
Seele | A1b_
**Spezi-
fisches
Erleben** | Laut Theorie der Reise-triebe wird der Mensch u.a. durch den Wunsch nach Wechsel angetrie-ben.

Das 'spezifische Neu-gierverhalten' ist der Komplementärhaltung zuzuordnen, welche sich in 'neuartigen Reizen' widerspieglen und im Kontrast zum 'diversiven Neugierverhalten' ste-hen.

'Erstaunen', 'Staunen' sind die dazugehörigen Emotion. | sen, Spiel im Sinne der Idee der Me-tamorphose. | kennenlernen; andere Länder erleben, viel von der Welt sehen, Einhei-mische kennenlernen; viel herumfahren, unter-wegs sein;
auf Entdeckungen ge-hen, etwas Außerge-wöhnlichem begegnen, enthalten sind. |
| | A1c_
**Diversives
Erleben** | Reizarme, monotone Situationen zählen als Ursachen für ein 'diversives Neugierver-halten'.

Sowohl 'Langeweile' als auch 'Stille' im Sinne einer psychophysischen Sättigung werden als reizarme, monotone Situationen angesehen.

Laut Theorie der Reise-triebe wird der Mensch u.a. durch den Wunsch nach Wechsel angetrie-ben.

Das 'diversive Neugier-verhalten' steht im Kon-trast zum 'spezifischen Neugierverhalten' und ist der Konträrhaltung zuzu-ordnen. 'Langeweile' sowie 'Verwirrung' sind die negativen Emotio-nen.

Neben der Umwelt / Na-tur (=spezifisches Neu-gierverhalten) werden Nichtalltägliche Welten als Gegenwelt zum All-tag aufgesucht. Hierzu zählen Feste, Rituale, touristische Reisen, Spiel im Sinne der Idee der Metamorphose. | touristische Beispiele:
Authentizität = Aufsuchen von echten Erlebnissen in der Umwelt / Natur

Nichtalltägli-che Welten als Gegen-welt zum Alltag: Feste, Rituale, tou-ristische Rei-sen, Spiel im Sinne der Idee der Me-tamorphose. Alltag | Es werden Aussagen kodiert, in denen erlebte Ereignislosigkeit ausge-drückt wird. Die am häu-figsten verwendeten Begriff zur Umschrei-bung einer reizarmen, monotonen Situation sind 'Alltag', 'Langeweile' und 'Stille', welche das 'innere Erle-ben' kennzeichnen und eine Form des 'Zeiterlebens' auf emo-tionaler Ebene darstel-len. |

A2 **B** **i** **o** **t** **i** **s** **c** **h** **e** **s** **E** **r** **l** **e** **b** **e** **n** Zentrum: Körper	**A2a_** **Körper-** **liche** **Aktivität**	Eine körperliche Aktivität kann je nach Beruf einen Kontrast und eine Abwechslung zum Alltag darstellen. Gemäß der Theorie der Reisetriebe spiegelt sich die körperliche Aktivität im 'Bewegungsdrang' sowie 'Wunsch nach Abwechslung' wider. Während 'Vitalität' als positive Emotion der körperlichen Aktivität angesehen wird, kennzeichnet 'Ruhelosigkeit' die dazugehörige negative Emotion. Prinzipiell hat jede Form der körperlichen Aktivität das Potential Genuss zu erleben (vgl. 'Flow-Erlebnis').	touristische Beispiele: *kalkulierte Gebirgswanderung*	Es werden Aussagen kodiert, in denen eine körperliche Aktivität angesprochen wird. Differenziert werden muss zwischen einer ausschließlichen körperlichen Aktivität oder einer, welche im Zusammenhang mit Sinnen steht. Durch starke Konzentration auf die Ausführung der körperlichen Aktivität kann der Handelnde sein Zeitgefühl verlieren und seine Sinne besonders anregen. Durch die Kombination von körperlicher Aktivität und Aktivierung der Sinne kann der Handelnde ein 'Flow-Erlebnis' empfinden (vgl. Flow).
	A2b_ **Prestige-** **Erleben**	'Etwas für die Schönheit tun' wird im Reisemotiv 'Entspannung, Besinnung, Gesundheit' gleichgesetzt mit „braun werden" (RA 1973, RA 1980, RA 1990).	touristisches Beispiel: *Reisen in die Sonne* (Bräunungserlebnis)	Es werden Aussagen kodiert, in denen die Schönheit des eigenen Körpers im Vordergrund steht und als eine Form der Selbstverwirklichung betrachtet wird. Im Fokus steht Prestige und gesellschaftlicher Anerkennung.
	A2c_ **Erholung /** **Ent-** **spannung**	'Erholung' wird als 'physische Motivation' aufgefasst. Sie wird häufig mit 'Ruhe', 'Entspannung', 'Besinnung', 'Gesundheit', 'Sonne' oder 'Genießen' gleichgesetzt. Kennzeichen sind vor allem das Ausruhen und das Abschalten, wenig Stress oder Hetze, sodass sich die Seele und die Nerven beruhigen. Durch das körperliche Herabsetzen soll sich eine geistig-seelische Entspannung einstellen.	touristisches Beispiel: Bräunungserlebnis	Es werden Aussagen kodiert, in denen die 'Erholung / Entspannung' in den Vordergrund treten und ggfs. eine geistig-seelische Entspannung hervorgerufen oder angesprochen wird.
	A2d_ **Natur-** **Erleben**	Das 'Natur-Erleben' spiegelt sich sowohl in der reinen Luft, dem sauberes Wasser als auch im Grünen der Natur und der idyllischen Landschaft wieder. Der	Natur ist „Projektionsfläche für Phantasien und Bedürfnisse, [...] Raum für	Es werden Aussagen kodiert, in denen die Natur durch ihr Dasein in den Vordergrund tritt und einen Körperreiz hervorruft. Dazugehörige Synony-

A2 **Biotisches Erleben** Zentrum: Körper	A2d_ **Natur-Erleben**	Körper erlebt die Reinheit der Natur.	schweifende Gefühle" anzusehen (HENNIG 1997, S. 104). touristisches <u>Beispiel:</u> Ursprüngliches, Unverfälschtes u. Naturbelassenes erleben (z.B. 'Frische Luft-Schnappen' auf einem stürmischen Segeltörn)	me und Begriffsassoziationen des `Natur-Erleben` sind reine Luft, sauberes Wasser; aus der verschmutzten Umwelt herauskommen; das Grüne; die idyllische Landschaft; die freie unberührte Natur; schöne Natur um sich haben; Ursprüngliches, Unverfälschtes und Naturbelassenes erleben; gesundes Klima.
A3 **F** **l** **o** **w** Zentrum: Sinne und Körper	A3a_ **Gefühl der Freude, Begeisterung**	Die Freisetzung von Glückshormone wird durch körperliche Aktivität erlebt.	„Der Zweck dieses Fließens ist, im Fließen zu bleiben, nicht Höhepunkte oder utopische Ziele zu suchen, sondern im 'flow' zu bleiben. Es ist keine Aufwärtsbewegung, sondern ein kontinuierliches Fließen; aufwärts klettert man nur, um den 'flow' in Gang zu halten. Es gibt keine andere Begründung für das Klettern, als das Klettern selbst; es ist eine Selbstkommunikation" (CSIKSZENTMIHALYI 1985, S. 73).	Es werden Aussagen kodiert, wenn in ihnen eine physische Betätigung ein psychisches Wohlbefinden auslöst.
	A3b_ **Starke Konzentration auf relevante Reize**	Die Ausführung der körperlichen Aktivität wird als Herausforderung betrachtet. Auf das Gleichgewicht zwischen Anforderung und Können sowie der damit verbundenen Kontrolle und Prozesshaftigkeit wird hierbei besonders geachtet. Die Bewegung muss hierbei 'im Fluss' sein. Kennzeichen ist die starke Konzentration auf die Ausführung der körperlichen Aktivität. Ziel des Handelnden ist das Erleben eines physischen und psychischen Genusses.		Es werden Aussagen kodiert, in denen die Konzentration auf die ausübende physische Betätigung verdeutlicht werden. Die weiteren `Flow-Erlebniskomponenten`, `Tätigkeit als Herausforderung`, `Gleichgewicht von Anforderung und Können`, `Kontrolle`, `Prozesshaftigkeit` sowie `Bewegung im Fluss`, werden in dieser Unterkategorie mit einbezogen. Ihre Gemeinsamkeit liegt in der starken Konzentration auf die Ausführung der körperlichen Aktivität.
	A3c_ **Verlust des Gefühls für Zeit und Raum**	Ein Kennzeichen der starken Konzentration auf die Ausführung der körperlichen Aktivität ist die Möglichkeit des Verlustes des Gefühls von Zeit und Raum. Die Sinne werden hierbei besonders anregt. Folge ist, dass Denken und Handeln zu einer Einheit verschmelzen und der Verlust als Genuss angesehen wird.		Es werden Aussagen kodiert, in denen Zeit und Raum in Verbindung mit einer ausübenden physischen Betätigung gebracht werden.

A3 F l o w Zentrum: Geist und Körper	A3d_ **Vergessen der Alltagssorgen**	Körperliche Aktivität führt gemäß des Konzepts des Flows zur Anregung der Sinne. Glückshormone fluten den Körper, ein Gefühl der Freude und Begeisterung kann sich verbreiten. Eine starke Konzentration auf relevante Reize kann u.a. zum Verlust des Gefühls von Raum und Zeit führen. Ebenso können Alltagssorgen vergessen werden.	touristisches Beispiel: Klettern, Wandern, Gleitschirmspringen, Wildwasserschwimmen, Bungee-Springen, Schachspielen, Operieren und Programmieren. Pilgerreisen	Es werden Aussagen kodiert, in denen Gedanken zum Alltag in Verbindung mit einer ausübenden physischen Betätigung gebracht werden.
	A3e_ **Transzendenz**	Körperliche Aktivität führt gemäß des Konzepts des Flows zur Anregung der Sinne. Glückshormone werden freigesetzt. Handeln und Denken verschmelzen zu einer Einheit, sodass Genuss in einer besonderen Form erlebt werden kann. Hierbei kann der Handelnde eine Selbstkommunikation erfahren, welche der Beschreibung der sinnlichen Transzendenz gleichkommt.		Es werden Aussagen kodiert, in denen Gedanken in den Vorderrund rücken. 'Selbstkommunikation' ist ein Beispiel zum Erleben einer sinnlichen Transzendenz.
	A3f_ **Wunsch nach Wiederholung**	Ein Kennzeichen des Konzept des Flows ist das Verlangen bzw. der Wunsch nach Wiederholung. Das positive Gefühl der Freude und Begeisterung, der Verlust des Gefühls für Zeit und Raum, das Vergessen der Alltagssorgen oder Transzendenz sind Beispiele, welche ein Handelnder erneut erleben möchte.		Es werden Aussagen kodiert, wenn der Wunsch, das Verlangen bzw. die Begierde geäußert wird, Ähnliches oder Gleiches erneut zu erleben. Voraussetzung ist eine physische Betätigung.

Zeit und Leben von Petrarca

Zur Zeit des europäischen Mittelalters wurden die nordischen Barbaren von den Italienern verachtet. Sie selbst sahen sich als „Südländer" und „Erben Roms" (EPPELSHEIMER 1980, S. 9). Dante, der seine eigene Zeit verachtet und sich der Ekstatik hingibt, vollendet kurz vor seinem Tod seine *Divina Commedia,* die *Göttliche Komödie* (EPPELSHEIMER 1980, S. 9, 18). Sie erst begründete die italienische Sprache als Schriftsprache. Francesco Petrarca, der 1304 in Arezzo geboren wurde und in Avignon und Bologna auf Wunsch seines Vaters die Rechte studierte, soll nach Dantes Tod (1321) dessen Nachfolge antreten. Petrarca jedoch lehnt das rauhe Italienische ab (EPPELSHEIMER 1980, S. 18). Er selbst, der erst nach dem Tod seines Vaters (1323) seine Freiheit erhält, die Universität verlässt und in Avignon die Priesterweihen erhält, wählt Vergil und Cicero als seine Lehrer (EPPELS-HEIMER 1980, S. 2,11,18). Als Heimatloser, aufgrund der Verbannung seines Vaters, geboren, findet Petrarca jedoch weder im Alten noch im Neuen seine Heimat (EPPELSHEI-MER 1980, S. 2,9f.). Er empfindet und bezeichnet sich gelegentlich selbst als Menschen mit „tiefen inneren Gegensätzen [...] zweier Zeitalter" (EPPELSHEIMER 1980, S. 21). Unruhe und Unausgeglichenheit, die Acedia, die Gemüts- / Seelenkrankheit des Mittelalters, prägen Petrarcas Leben. Er löst Bindungen, sobald sie ihn stören, meidet Pflichten, bevorzugt es in bescheidenem Wohlstand und ohne Zwang in humanistischer Existenz zu leben (EPPELSHEIMER 1980, S. 11, 22). Dieser Entwurf eines Lebenskünstlers ist Experiment, welches seine Zeitgenossen als neu und unerhört ansehen (EPPELSHEIMER 1980, S. 22). Als er 1327 seiner Liebe Madonna Laura begegnet, zieht er in das Haus des Kardinals. Fortan lebt er sorgenfrei und widmet sich seinen humanistischen Studien. Als junger Poet schafft er eine Verbindung seines Namens mit dem ewigen Roma und sichert sich seine „heiß ersehnte Unsterblichkeit" (EPPELSHEIMER 1980, S. 11). 10 Jahre später bricht er erneut auf. Reisen nach Paris, in die Niederland und an den Rhein folgten, wo er Büchereien der Kirchen und Klöster aufsuchte. Sein Ruhm nützt ihm ein Netzwerk mit Schülern, großen Rednern und Schriftstellern aufzubauen und römische Klassiker mit verlorengegangenen Formen wieder aufleben zu lassen (EPPELSHEIMER 1980, S. 22f.). Einige, wenige literarische Werke der Zeit gelten als „Literatur der Renaissance" (EPPELS-HEIMER 1980, S. 24).

1352 lässt sich Petrarca auf Vorschlag des mailändischen Fürsten schließlich zum Bleiben bewegen. Er übernimmt die Patenschaft seiner Söhne, kommt seiner Pflicht zur Anwesenheit auf Festen nach und übernimmt Reden. Als Prunkredner ist er Gast an Höfen in Venedig, Prag und Paris. Nachdem die Pest auch Mailand einholte, flieht er nach Venedig. Fünf Jahre lebt er dort, erhält jedoch als Humanist keinen Zuspruch und wird eher als „wissenschaftlich unbedeutend" missachtet (EPPELSHEIMER 1980, S. 17). 1367 reist er schließlich nach Padua, lebt „erfüllt [...] von Liebe und Ruhm, von Studien und Reisen" bis zu seinem Tod 1374 (EPPELSHEIMER 1980, S. 17). Neben Briefen und Schriften hinterlässt Petrarca ein Erbe von zahlreichen Gedichten (vgl. EPPELSHEIMER 1980).

Die Petrarca-Forschung hat ergeben, dass der von Petrarca auf das Jahr 1336 datierte Brief erst 1353 entstand, weswegen die Zitate in der Analyse und Auswertung doppelt datiert sind. Des Weiteren ist festzuhalten, dass es keine Belege darüber gibt, dass Petrarca den Mont Ventoux tatsächlich je bestiegen hat (GROH und GROH 1996, S. 8). Der Brief mit dem Titel *Brief an Professor Francesco Dionigi von Borgo San Seplocro in Paris* umfasst, in einer Zusammenstellung über Petrarcas Zeugnisse von Hans W. Eppelsheimer, zehn Seiten (vgl. EPPELSHEIMER 1980, S. 88-98). Wann genau Petrarca seine Lebenskrise, die sogenannte 'Secretum'-Krise, den Konflikt zwischen Heilsorge und Weltverfallenheit hat, ist nicht genau datiert. Der Brief über die Besteigung des Mont Ventoux, welchen Petrarca auf den 26. April 1336 datiert und die Forschung später auf 1353, zehn Jahre nach dem Tod des Adressaten, geben Aufschluss darüber, dass der Beginn seiner Lebenskrise dazwischen liegen muss. Sein 'Secretum', seine Schrift zur Lebenskrise, entwirft er 1347 und überarbeitet sie 1353 letztmalig. Seine unglückliche Liebe zu Laura trägt ihren Teil zur Schwermut, der Acedia, bei. Petrarca, als Dichter der Zeit zwischen Mittelalter und Renaissance, schreibt in dieser Zeit an seiner Autobiographie, welche zum Teil fingiert, idealisiert und symbolisch überhöht ist (EPPELSHEIMER 1980, S. 8f.; 20f.).

Gemäß des Falls, dass Petrarca seinen Aufstieg erfunden hat, verfügte er über eine gute Vorstellungskraft und war in der Lage eine Landkarte topographisch zu visualisieren, auch ohne je zuvor auf dem Berg gewesen zu sein. Er hatte bereits die Vorstellung, dass man von einem Gipfel aus Berg, Fluss sowie Küste und Meer sehen kann (GROH und GROH 1996, S. 48).

Groh/Groh sind der Auffassung, dass dieser Brief ein Beispiel dafür ist, durch die Sicht und das Erleben der Innenwelt der Mensch, und im Beispiel Petrarca, das Außen, die Natur, erfährt (GROH und GROH 1996, S. 2). Die Größe der Natur färbt demzufolge, wie auch Burckhardt feststellt, auf das Seelenleben des Menschen ab: „Eine Beschreibung der Aussicht erwartet man nun allerdings vergebens, aber nicht, weil der Dichter dagegen unempfindlich wäre, sondern im Gegenteil, weil der Eindruck allzu gewaltig auf ihn wirkt" (BURCKHARDT 1962, S. 202). Petrarca sei ein Beispiel, der das „Erlebnis einer neuen Weite" erfahre und den „Wendepunkt auf dem Wege zum neuzeitlichen Raumgefühl" verkörpere (BOLLNOW 1963, S. 83; OPASCHOWSKI 1996, S. 75). Das Zusammenspiel von Körper und Natur führt bei Petrarca zu einem neuen Lebensgenuss und Blickwinkel in sein Inneres, welche in dieser Form für seine Zeit untypisch sind. Das Landschafts- und Naturerlebnis spielen erst später in der Zeit der Romantik eine tragende Rolle. Sie werden als Bildungs- und Reiseerlebnis aufgegriffen und gelten fortan als „emotionales Erlebnis" (VOGEL 1993, S. 286). Romantiker schreiben der Begegnung mit Natur und Geschichte das Gefühl der Empfindsamkeit, des inneren Erlebens zu (VOGEL 1993, S. 286). Erlebnis und Genuß wurden damit zur „Hauptintention des Reisens" (GÜNTER 1989, zit. in VOGEL 1993, S. 286). Verkündet wurde, dass ohne Absicht und Zwang gereist werden sollte und allein der Weg das Ziel wurde. Dennoch blieb das Augenmerk der Romantiker in ihrer Innerlichkeit. „Reisen sollte helfen, das eigene Wesen zu erforschen, Tiefen und Untiefen der Seele auszuloten" (GLEICH 1998, S. 88).

Tab. 13: Deduktive Kategorienanwendung am Beispiel Petrarca (eigne Darstellung)

Nr.	Aussage	Paraphrase	Kategorienanwendung
P1	„Den höchsten Berg dieser Gegend, den man nicht unverdientermaßen Ventosus, den Windigen nennt, habe ich am heutigen Tage bestiegen. Dabei trieb mich einzig die Begierde, die ungewöhnliche Höhe dieses Flecks Erde durch Augenschein kennenzulernen." (PETRARCA 1980, S. 88).	Besteigung des höchsten Bergs der Gegend. Begierde treibt Petrarca.	Schlüsselwörter: Berg, Begierde Kategorie A1b: Spezifisches Erleben Begründung: Der Berg wird als 'neuartiger Reiz aus der Umwelt' aufgefasst. Er ist somit Auslöser für Petrarcas Begierde im Sinne des spezifischen Neugierverhaltens. Es handelt sich folglich um eine extrinsische Motivation.
P2	„[…] wäre es aber für mich so leicht, jenen Berg zu erkunden, wie diesen hier, so würde ich nicht lange Zweifel lassen" (PETRARCA 1980, S. 88).	Petrarca ist an seiner Umwelt interessiert. Er zeigt sich weltoffen.	Schlüsselwörter: Berg, Erkunden Kategorie A1b: Spezifisches Erleben Begründung: Der Berg wird als 'neuartiger Reiz aus der Umwelt' aufgefasst. Er ist somit Auslöser für Petrarcas Begierde im Sinne des spezifischen Neugierverhaltens. Petrarca hat keine Zweifel. Es handelt sich folglich um eine extrinsische Motivation.
P3	„Ein langer Tag, schmeichelnde Luft, Lebensfeuer der Gemüter, Kraft und Gewandtheit der Leiber und was es sonst dergleichen geben mag, stand uns beim Wandern zur Seite; einzig widerstand uns die Natur des Ortes" (PETRARCA 1980, S. 90).	Petrarca erfährt beim Wandern 'Vitalität', sowohl psychisch als auch physisch.	Schlüsselwörter: Wandern Lebensfeuer der Gemüter, Kraft und Gewandtheit der Leiber, Natur Kategorie A2a: Aktivität Begründung: Das Wandern zählt als körperliche Aktivität. `Vitalität` als dazugehörige positive Emotion der Aktivität spiegelt sich im `Lebensfeuer der Gemüter` als Ausdruck der psychischen Verfassung und in der `Kraft und Gewandtheit der Leiber`, als Ausdruck der physischen Verfassung, wider. Kategorie A2c: Natur--Erleben Begründung: Die Reinheit der Natur hat als ungewöhnlicher Körperreiz Einfluss auf Petrarcas Wohlbefinden. Natur-Erleben führt bei ihm zur Selbstkommunikation.
P4	„Dort, [in einem Tal,] schwang ich mich auf Gedankenflügeln vom Körperlichen zum Unkörperlichen hinüber" (PETRARCA 1980, S. 91).	Petrarca erweitert seinen Geist beim Wandern.	Schlüsselwörter: Gedankenflügel vom Körperlichen zum Unkörperlichen Kategorie A3: Flow *Die jeweilige Unterkategorie kann erst im Folgenden näher bestimmt*

			werden. Begründung: Das Wandern stellt eine körperliche Betätigung dar. Petrarca gelingt der Schwung `vom Körperlichen zum Unkörperlichen`, eine Verschmelzung findet statt.
P5	„'Was du heute so oft bei Besteigung dieses Berges hast erfahren müssen, wisse, genau das tritt an dich und an viele heran, die da Zutritt suchen zum seligen Leben. Aber es wird deswegen nicht leicht von den Menschen richtig gewogen, weil die Bewegung des Körpers zutage liegen, die der Seele jedoch unsichtbar sind und verborgen. Wohl aber liegt das Leben, das wir das selige nennen, auf hohem Gipfel, und ein schmaler Pfad, so sagt man, führt zu ihm empor. Es steigen auch viele Hügel zwischendurch auf, und von Tugend zu Tugend muß man weiterschreiten mit erhabenen Schritten. Auf dem Gipfel ist das Ende aller Dinge und des Weges Ziel, darauf unsere Pilgerfahrt gerichtet'" (PETRARCA 1980, S. 91-92).	Wandern als Pilgerfahrt: Zugang 'zum seligen Leben' im Bergsteigen. Schrittweises Erlangen der Tugend.	Schlüsselwörter: Besteigung dieses Berges, Bewegung des Körpers, Seele, Tugend, Pilgerfahrt Kategorie A2c: Natur--Erleben Begründung: Die Besteigung des Berges, die Kombination aus Bewegung und Anblick der Natur, hat als ungewöhnlicher Körperreiz Einfluss auf Petrarcas Wohlbefinden. Natur-Erleben führt bei ihm zur Selbstkommunikation. Kategorie A3e: Transzendenz Begründung: Die Bergbesteigung und die damit verbundene Bewegung des Körpers weisen zunächst auf die Kategorie A2a_Aktivität hin. Da jedoch vom 'seligen Leben', 'Tugend' und 'Pilgerfahrt' die Rede ist und diese Synonyme für den 'Geist' sind, handelt es sich um einen Wunsch zur Verschmelzungserfahrung, Transzendenz, welche wiederum 'Flow-Erlebniskomponenten' sind.
P6	„'Was hält dich also ab? Doch wahrhaftig nicht weiter, als daß der Weg durch die irdischen und allerniedrigsten Gelüste ebener ist und, wie es wohl auf den ersten Blick scheinen möchte, bequemer. Gleichwohl mußt du nach langer Irrfahrt unter der Last des zum Unheil aufgeschobenen Weges hinansteigen zum Gipfel des seligen Lebens selber oder in den Talgründen deiner Sünden säumig erliegen; und wenn dich dort – was nur heraufzubeschwören mir graut - 'Finsternis und Schatten' des Todes finden, so mußt du die ewige Nacht unter beständigen Qualen ver-	Bewusstwerden über die Irrfahrt durch irdische und allerniedrigste Gelüste als Sünde.	Schlüsselwörter: irdische und allerniedrigste Gelüste, Weg zum Gipfel, Sünden Kategorie A3e: Transzendenz Begründung: Die 'irdischen und allerniedrigsten Gelüste', der 'Weg zum Gipfel', 'seliges Leben' sowie 'Sünden' sind Synonyme, die den Geist ansprechen. Ein Wunsch zur Verschmelzungserfahrung, Transzendenz lässt sich daher ableiten, welche zu den 'Flow-Erlebniskomponenten' zählt.

	bringen'" (PETRARCA 1980, S. 92).		
P7	„Zuerst stand ich, durch einen ungewohnten Hauch der Luft und durch einen ganz freien Rundblick bewegt, einem Betäubten gleich. Ich schaute zurück nach unten: Wolken lagerten zu meinen Füßen [...]. Ich richtete nunmehr meine Augen nach der Seite, wo Italien liegt, nach dort, wohin mein Geist sich so sehr gezogen fühlt. Die Alpen selber –eisstarrend und schneebedeckt - [...] erscheinen mir greifbar nahe, obwohl sie durch einen weiten Zwischenraum getrennt sind. Ich seufze, ich gestehe es, nach italienischer Luft, die mehr vor dem Geist als vor den Augen erstand, und ein nicht zu erstickender, glühender Drang beseelte mich [...]. Dann ergriff eine andere Überlegung Besitz von meinem Geist und brachte mich von der Betrachtung des Raumes auf die der Zeit" (PETRARCA 1980, S. 93).	Während Petrarca den Raum in seiner Weite wahrnimmt, wird ihm die Zeit bewusst und seine Gedanken treiben.	Schlüsselwörter: freier Rundblick, Geist, erstickender, glühender Drang beseelte mich, Betrachtung des Raumes auf die der Zeit Kategorie A2c: Natur--Erleben Begründung: Der freie Rundblick in die Natur hat als ungewöhnlicher Körperreiz Einfluss auf Petrarcas Wohlbefinden. Natur-Erleben führt bei ihm zur Selbstkommunikation. Kategorie A3c: Verlust des Gefühls für Zeit und Raum Begründung: Die erwähnten Schlüsselwörter weisen auf die Flow-Erlebniskomponente 'Verlust des Gefühls für Zeit und Raum' hin. Das Bewusstsein und die Wahrnehmung von Veränderungen, welche sowohl die Umwelt als auch den eigenen Organismus betreffen, spielt hierbei eine Rolle. Die Kategorie A3_Flow ist somit gerechtfertigt.
P8	„Vergegenwärtigen will ich mir meine vergangene Abscheulichkeiten und meiner Seele fleischliche Verderbnis, nicht als ob ich diese liebte, sondern auf daß ich dich liebe, mein Gott`" (PETRARCA 1980, S. 94).	Während Petrarca die Bekenntnisse des Augustin liest, welche ihm sein Professor Diogini geschenkt hat, vergegenwärtigt er sich seiner bisherigen Sünden und Verderbnisse.	Schlüsselwörter: Seele, Gott Kategorie A3e: Transzendenz Begründung: 'Seele' und 'Gott' sind Schlüsselwörter, welche auf die Flow-Erlebniskomponenten Transzendenz und Verschmelzungserfahrung hinweisen und somit diese Unterkategorie rechtfertigen.
P9	„So trieb es mich in Gedanken durch das vollendete Jahrzehnt. Da ließ ich meine Sorgen ums Vergangene fahren und befragte mich selbst: `Wenn es dir vielleicht gelingen sollte, durch zwei fernere Lustern dies unstete flüchtige Leben weiter zu führen und im Verhältnis zur Zeitdauer ebensoviel zur Tugend fortschreiten, wie du in diesen zwei Jahren durch den An-	Petrarcas Gedanken schweifen weiter. Er lässt das vollendete Jahrzehnt Revue passieren. In einer Selbstkommunikation hinterfragt er seinen eigenen Lebensweg. Er stellt sein bisheriges, in Teilen lasterhaftes Leben in ein Verhältnis zur Zeit und überdenkt seine Möglichkeit Tugend	Schlüsselwörter: Gedanken, Jahrzehnt, Leben im Verhältnis zur Zeitdauer, Tugend Kategorie A3c: Verlust des Gefühls für Zeit und Raum Kategorie A3e: Transzendenz Begründung: Die erwähnten Schlüsselwörter weisen auf die Flow-Erlebniskomponente 'Verlust des Gefühls für Zeit und Raum' sowie

	stürmen des neuen Willens gegen den alten von der ursprünglichen Verstocktheit losgekommen bist, könntest du dann nicht, wenn auch nicht gesichert, so doch in Hoffnung, im vierzigsten Lebensjahre dem Tode entgegengehen und den Überschuß des ins Greisenalter hinabsteigenden Lebens leichten Herzens preisgeben?'" (PETRARCA 1980, S. 94f.).	zu erlangen.	'Transzendenz' und 'Verschmelzungserfahrung' hin. Petrarca kommt schließlich zur Selbstkommunikation, welche neben den 'Flow-Erlebniskomponenten' ein weiteres Kennzeichen des Flows ist und die beiden Kategorien rechtfertigen.
P10	„[…] und so schien ich gewissermaßen vergessen zu haben, an welch einen Ort ich gekommen sei und zu welchem Zweck. Endlich aber verabschiedete ich meine Sorgen, für die ein anderer Ort passender sein mochte, schaute um mich und sah nun wirklich das, was zu sehen ich hergekommen war. Man mahnte mich, die Zeit dränge zum Abmarsche, denn schon neige sich die Sonne und der Bergesschatten wachse in die Länge, und nun wandte ich mich, gleichsam erwacht, um und blickte zurück den Westen. Der Grenzwall der gallischen Lande und Hispaniens, der Grat des Pyrenäengebirges, ist von dort nicht zu sehen, nicht daß meines Wissens irgendein Hindernis dazwischenträte – nein, nur infolge der Gebrechlichkeit des menschlichen Sehvermögens. Hingegen sah ich zur Rechten die Gebirge der Provinz von Lyon, zur Linken sogar den Golf von Marseille, und den, der gegen Aigues-Mortes brandet, wo doch all dies einige Tagereisen entfernt ist. Die Rhone lag mir geradezu vor Augen. Dieweil ich dieses eins ums andere bestaunte und jetzt Irdisches genoß, dann nach dem Beispiel des Leibes auch die Seele zum Höheren erhob, schien mir gut, in das Buch der Bekenntnisse des Augustin	Nachdem Petrarca seinen Gedanken freien Lauf geschenkt hatte, verabschiedete er sich von seinen Sorgen um den Berg hinabzusteigen. Indem er ein letztes Mal die weite Aussicht genießt und im Folgenden weiter in den Bekenntnissen Augustin liest, wird ihm der Zweck seines Aufstiegs bewusst. Ähnlich dem Aufstieg der Seele, widmet er seine Bergbesteigung dem Zweck, Gott näher zu kommen.	Schlüsselwörter: Abmarsch, Irdisches, Seele zum Höheren erhob Kategorie A2c: Natur--Erleben Begründung: Die Reinheit der Natur hat als ungewöhnlicher Körperreiz Einfluss auf Petrarcas Wohlbefinden. Natur-Erleben führt bei ihm zur Selbstkommunikation. Er fängt an zu reflektieren. Kategorie A3e: Transzendenz Begründung: Die erwähnten Schlüsselwörter weisen auf die Flow-Erlebniskomponente 'Transzendenz' und 'Verschmelzungserfahrung' hin und rechtfertigen somit die Kategorie.

	hineinzusehen, eine Gabe, die ich deiner Leibe verdanke und die ich bewahre, zum Gedenken an den Urheber wie an den Geber, und die ich stets in Händen habe" (PETRARCA 1980, S. 95).		
P11	„Ich war wie betäubt, ich gestehe es […], daß ich noch jetzt das Irdische bewunderte. Hätte ich doch schon zuvor […] lernen müssen, daß nichts bewundernswert ist außer der Seele: Neben ihrer Größe ist nichts groß" (PETRARCA 1980, S. 96).	Sein Bewusstsein über das irdische Leben eröffnet Petrarca einen Einblick in seine Innenwelt und die Ausmaße seiner Seele.	Schlüsselwörter: Irdische, Seele Kategorie A3e: Transzendenz Begründung: Die erwähnten Schlüsselwörter weisen auf die Flow-Erlebniskomponente 'Transzendenz' und 'Verschmelzungserfahrung' hin und rechtfertigen somit die Kategorie.
P12	„Da beschied ich mich, genug von dem Berge gesehen zu haben, und wandte das innere Auge auf mich selbst, und von Stund an hat mich niemand mehr reden hören, bis wir unten ankamen" (PETRARCA 1980, S. 96).	Sein Bewusstsein über das irdische Leben eröffnet Petrarca einen Einblick in seine Innenwelt und die Ausmaße seiner Seele.	Schlüsselwörter: wandte das innere Auge auf mich selbst (Stille) Kategorie A2c: Natur--Erleben Begründung: Die Reinheit der Natur hat als ungewöhnlicher Körperreiz Einfluss auf Petrarcas Wohlbefinden. Natur-Erleben führt bei ihm zur Selbstkommunikation. Er fängt an zu reflektieren. Kategorie A3e: Transzendenz Begründung: Die Betrachtung der eigenen Innenwelt ist eine Form der 'Selbstkommunikation', welche die Unterkategorie A3e__Transzendenz anspricht und somit rechtfertigt. Kategorie A1c: Diversives Erleben Begründung: Ein Synonym zur Betrachtung der Innenwelt ist 'Stille'. Diese wird in reizarmen, monotonen Situationen, wie dem Blick ins Tal, als eine psychophysische Sättigung aufgefasst und ist somit Kennzeichen für die Kategorie A1c_Diversives Erleben.

Zeit und Leben Campe

Geprägt von der Aufklärung und des gerade entstandenen Bürgertums entwickelt sich die Moderne in Europa. Joachim Heinrich Campe (1746 –1818) absolviert zunächst ein Studium der Theologie (1765-68). Als Hofmeister erzieht er im Anschluss vier Jahre lang den aus erster Ehe seiner Frau angenommenen Sohn Humboldts. Nachdem er im Folgenden zwei Jahre als Feldprediger diente, legte er 1775 sein geistiges Amt mit der Begründung nun ein aufgeklärter Bürger zu sein nieder und kehrt in das Haus des Majors von Humboldt zurück um dessen weiteren zwei Söhne zu erziehen. 1776 wird er Erzieher in der Erziehungsanstalt Philanthropin in Dessau, 1777 übernimmt er die Leitung. Die Ausbildung aller 'natürlichen', d.h. sowohl die körperlichen als auch die geistigen im Sinne der 'vernunftsbetreffenden' Fähigkeiten und Kräfte eines Kindes ist das Ziel der pädagogischen Reformbewegung des Philanthropismus. Weitere Kennzeichen und Erziehungsziele sind „edle patriotische Gesinnung, Tugend und Glückseligkeit" (STACH 1970, S. 77). Die Erreichung und Verwirklichung steht dabei an oberster Stelle der Erziehungsziele 'Brauchbarkeit und Vollkommenheit'. Sie gelten als formale und materielle Bedingungen der Glückseligkeit (STACH 1970, S. 105, 112, 119): „Durch Arbeit im Sinne der Selbsttätigkeit vollzieht sich Bildung zur Brauchbarkeit und Vollkommenheit" (STACH 1970, S. 124). Endprodukt der philanthropischen Erziehung ist die vollkommende Gesellschaft (Stach 1970, S. 130). Unterschieden wird zwischen den körperlichen Kräften und Seelenkräften, welche die Verstandes- und Willensbildung umfassen (STACH 1970, S. 106). Aus nicht genau geklärten Gründen verlässt Campe 1777 Dessau und flüchtet nach Hamburg. Er selbst spricht von „herznagenden Kränkungen", die seine „Leibes- und Seelenkräfte" bedrohten (CAMPE 1981, S. 373). In der Zeit zwischen 1778 und 1783 veröffentlicht er in Hamburg einige Schriften, u.a. auch *Robinson, der Jüngere* (1779). Rousseaus 1762 erschienener Erziehungsroman *Émile* sieht er als vorbildlich an und (CAMPE 1981, S. 8, 381; WEINKAUFF und GLASENAPP 2010, S. 28). Von 1778-86 übernimmt Campe die Erziehung von mehreren Kaufmannssöhnen in Billwerder bei Hamburg. Nachdem er zunächst als Theologe, Pädagoge, Philanthrop und Jugendschriftsteller tätig war, unternimmt 1785 längere Reisen durch Deutschland und die Schweiz. 1786 wird Campe schließlich Schulrat in Braunschweig. 1789 folgt eine Reise zusammen mit W. v. Humboldt nach Paris. Zwischen 1793 und 1812 erforscht er die deutsche Sprache. 1802 folgen Reisen durch England und Frankreich.1805 gibt er schließlich seine Stelle als Schulrat auf, veröffentlicht sein letztes Werk und stirbt schließlich 1818 im Alter von 72 Jahren in Braunschweig (CAMPE 1981, S. 372-375; vgl. STACH 1970, S. 9-13, 105-112).

Campes Anliegen zum Buch lag nicht allein in der Unterhaltung. Wie der Titel bereits mitteilt, soll es zugleich auch nützlich sein; nützlich im Sinne der Erziehung. Neben „frommen und gottesfürchtigen Empfindungen" enthält es Anmerkungen zur Tugend, sodass neben einer kindlichen auch die elterliche Leserschaft angesprochen wurde (CAMPE 1981, S. 5). Im Gegensatz zu Defoes Robinson, welcher sich „von dem gestrandeten Wrack notwendige Hilfsmittel sichern konnte, besaß 'Robinson der Jüngere' nicht von alledem" (STACH 1970, S .14). Campe stattet seinen Robinson dagegen „bloß mit seinem Verstande und mit seinen Händen" aus (CAMPE 1981, S. XI). Aufgeworfene Fragen seitens der Kinder in Gegenrede führen zum regen Austausch mit dem Hausvater, der sich Zeit für jede Beantwortung viel Zeit nimmt. Wie Campes Vorbericht verrät, nahm seine fünfte Absicht Bezug auf das damalige 'Empfindsamkeitsfieber' der Zeit. Er bezeichnet es als „eine dermalige epidemische Selenseuche, welche unter allen Kräften unserer gesamten körperlichen und geistigen Natur [und, Anm. E.S.] zu recht sichtbarer Verminderung der Summe unserer Lebensfreuden" führt (CAMPE 1981, S. 6). Ein Buch, welches einen „Gegenfüßler der empfindsamen und empfindelnden Bücher" darstellt, hält er als „das wirksamste Gegengift" (CAMPE 1981, S. 7).

Trotz Aufklärung spielt das biblische Motiv des verlorenen Sohns des Lukasevangeliums (LUKASEVANGELIUM 15, 11-32) bis ins 18. Jahrhundert noch eine Rolle. Reisen wurden hiernach als „Zeichen moralischer Verderbnis" gewertet (LAERMANN 1976, S. 57). Durch die Entfernung der Reisenden aus dem Kreise der Familie wurden sie als „moralische Risiken" angesehen, die nur „unnötige Ausgaben" nach sich ziehen (beide Zitate: LAERMANN 1976, S. 57). Aus diesen Gründen galten Reisen in die Fremde als nicht lohnenswert (LAERMANN 1976, S. 57f.). 'Bete und arbeite' lautet der vorangestellte Wahlspruch Campes Robinsonerzählung (CAMPE 1981, S. 15; Stach 1970, S. 112).

Im Zitat Nr. 2 (vgl. nachfolgende, deduktive Kategorienanwendung) nimmt die Problematik des Motiv des verlorenen Sohns in *Robinson der Jüngere, zur angenehmen und nützlichen Unterhaltung für Kinder* (1779) auf und führt aber die fehlende Einsicht des jungen Robinson eine falsche Erziehung zurück. In Bezug auf Rousseaus Erziehungsabsicht, bietet Campes Ansicht nach *Robinson Krusoe* die geeignetste Geschichte Kindern eine Anregung zur vermitteln, die „natürlichen Künste" selbst auszuüben und auf diese Weise wissbegierig zu werden zu lassen (CAMPE 1981, S. 10). Es geht um „die Entfaltung der natürlichen und sittlichen Kräfte im Menschen zu einem individuellen Menschenwerden und Menschsein, um das Prinzip der natürlichen Erziehung. Der Mensch soll zum Menschen erzogen werden. So ändert sich durch die Erziehung des Menschen notwendig die Gesellschaft" (STACH 1970, S. 83f.).

Campe unterstützt hiermit Rousseaus These der freien Erziehung: „nicht mehr die Reise ist das entscheidende Transformationsinstrument, sondern die Erziehung" (FOHRMANN 1981, S. 114). Reisen wurde zur Methode der Selbstbestimmung und –erziehung (ROBEL 1980, S. 10). Rousseau (1712-1778) brachte das fortan gültige Leitthema der Aufklärung für die Menschenbildung hervor. Er schrieb im fünften Buch des *Émile* ein längeres Kapitel mit Sinn und Zweck des Reisens (ELKAR 1980, S. 58; vgl. ROUSSEAU 1957, S. 574-614):

> „Tout ce qui se fait par raison doit avoir ses régles. Les voyages, pris comme une partie de l´éducation, doivent avoir leurs. Voyager pur voyager, c`est errer, être vagabon; vogabon; voyager pur s`instruire est encore un objet trop vague: L´instruction qui n`a pas un but dé-terminé n´est rien" (ROUSSEAU 1957, S. 580f.).

Demzufolge wurde das Reisen in den Vorgang der Erziehung integriert. Neben Rousseau war Goethe (1749-1832) in Bezug auf Bildungsreisen eine als vorbildlich geltende Persön-lichkeit, die dem Bildungseifer der Zeit entgegen kam (OPASCHWOSKI 1996, S. 71). Für Goethe steht die individuelle ästhetische Entwicklung im Mittelpunkt seiner 1786 begon-nenen Italienreise (MEIER 1989, S. 296). Ein Paradigmenwechsel lässt sich in den Reise-gewohnheiten und –interessen verzeichnen. Aus dem frühaufklärerischen Streben nach Wissensaneignung wird das romantische Bedürfnis der Persönlichkeitsbildung.

Tab. 14: Deduktive Kategorienanwendung am Beispiel Robinson (eigne Darstellung)

Nr.	Aussage	Paraphrase	Kategorienanwendung
R1	„Krusoe´s Eltern [...] ließen ihrem lieben Söhnchen in Allem seinen eigenen Willen, und weil nun das liebe Söhnchen lieber spielen, als arbeiten und etwas lernen mochte, so ließen sie es meist den ganzen Tag müßig umherlaufen oder spielen, und so lernte es denn wenig oder gar nichts. Das nennen wir anderen Leuten eine unvernünftige Liebe" (CAMPE 1981, S. 5).	Robinson wächst nach seinem eigenen Willen will auf. Er spielt viel anstatt zu arbeiten oder zu lernen.	Schlüsselwörter: eigener Wille, spielen Kategorie: A1a_Kognitives Erleben A1b_Spezifisches Erleben Begründung: 'Spielen' lässt sich sowohl mit 'Entdeckungsdrang' als auch mit 'neuartigen Reizen' in Verbindung bringen, sodass sowohl die Kategorie A1a_Kognitives Erleben als auch die Kategorie A1b_Spezifisches Erleben gerechtfertigt ist.
R2	„Der junge Robinson wuchs also heran, ohne daß man wußte, was aus ihm werden würde. Sein Vater wünschte, daß er die Handlung lernen möchte; aber dazu hatte er keine Lust. Er sagte, er wolle lieber in die weite Welt reisen, um alle Tage recht viel Neues zu hören und zu sehen. Das war aber nun sehr unverständlich gesprochen von dem jungen Menschen. Ja, wenn er schon etwas Rechts hätte gelernt gehabt! Aber was wollte so ein unwissender Bursche, als dieser Krusoe war, in der weiten Welt machen? Wann man in fremden Ländern sein Glück machen will, so muß man sich erst viele Geschicklichkeiten erworben haben. Und daran hatte er bisher noch nicht gedacht. Er war nun siebzehn Jahre alt, und hatte seine meiste Zeit mit Umherlaufen zugebracht. Täglich quälte er seinen Vater, daß er ihn doch möchte reisen lassen; sein Vater aber antwortete: er sei wohl nicht gescheit; und wollte nicht davon hören. 'Söhnchen! Söhnchen' rief ihm dann die Mutter zu, 'bleib im Lande, und nähre dich redlich!'" (CAMPE 1981, S. 5-6.).	Der Vater wünscht sich für seinen Sohn, dass er eine Lehre absolvieren soll. Robinson möchte aber lieber in die Welt reisen und viel Neues erleben.	Schlüsselwörter: in die weite Welt reisen, recht viel Neues hören und sehen Kategorie: A1a_Kognitives Erleben A1b_Spezifisches Erleben Begründung: Die Schlüsselwörter kennzeichnen sowohl den 'Entdeckungsdrang' als auch 'neuartigen Reizen', sodass sowohl die Kategorie A1a_Kognitives Erleben als auch die Kategorie A1b_Spezifisches Erleben gerechtfertigt ist.
R3	„Aber da ihn der Kapitain versicherte, daß die Reise sehr angenehm sein würde; daß er ihn, um einen Geselschafter zu haben, umsonst mitnehmen, und frei halten wollte, und daß er vielleicht etwas Ansehnliches auf dieser Reise erwerben könnte: so stieg ihm [Robinson, Anm. E.S.] plötzlich das Blut zu Kopfe, und die Begierde zu reisen wurde	Robinson erhält die Gelegenheit zur Schiffsreise. Die Aussicht etwas Ansehnliches zu erwerben, lässt Robinson Begierde erfahren.	Schlüsselwörter: etwas Ansehnliches erwerben, Begierde Kategorie: A1b_Spezifisches Erleben Begründung: Die Begierde etwas Ansehnliches zu erwerben

	so lebendig in ihm, daß er auf ein-mahl vergaß Alles, was ihm der ehr-liche Hamburger Schiffer gerathen hatte, und was er kurz vorher thun wollte" (CAMPE 1981, S. 31).		stellt einen neuartigen Reiz dar, welche die Kategorie A1b_Spezifisches Erleben rechtfertigt.
R4	„Er konte sich nicht sat sehen an dem herrlichen Anblik, den diese fruchtbare Insel gewährt. So weit sein Auge reichte, sahe er Gebirge, die mit lauter Weinreben bekleidet waren. Wie wässerte ihm der Mund nach den schönen süßen Trauben, die er da hengen sah! Und wie labte er sich, da der Schifskapitain ihm die Erlaubniß erkaufte, so viel zu essen, als er Lust hätte! (CAMPE 1981, S. 41f.)	Robinson erfreut sich am Anblick von Ter-renueve.	Schlüsselwörter: herrliche Anblick Kategorie: A1b_Spezifisches Erleben Begründung: Der herrliche Anblick auf die fruchtbare Insel stellt einen neuartigen Reiz dar. 'Staunen' als dazugehöri-ge positive Emotion spie-gelt sich in Robinson 'wässrigen Mund' wider. Die Kategorie A1b_Spezifisches Erleben ist somit mehrfach rechtfer-tigt.
R5	„Da der Schifskapitain sich hier eine Zeitlang verweilen muste, um sein Schiff ausbessern zu lassen, wel-ches etwas schadhaft geworden war: so fieng unser Robinson nach eini-gen Tagen an, Langeweile zu haben. Sein unruhiger Geist sehnte sich wieder nach Veränderung, und er wünschte sich Flügel, um so ge-schwind, als möglich, die ganze Welt durchfliegen zu können. Unterdeß kam ein portugiesisches Schif von Lissabon an, welches nach Brasilien in Amerika segeln wollte" (CAMPE 1981,S. 42).	Nach Schiffsbruch und ausreichender Erkundung der Insel beginnt Robinson sich zu langweilen. Er sehnt sich nach Ver-änderung.	Schlüsselwörter: Langeweile, unruhiger Geist, Sehnsucht nach Veränderung, Flügel, gan-ze Welt durchfliegen Kategorie: A1c_Diversives Erleben Begründung: 'Langeweile' sowie 'Verwirrung', welche sich im 'unruhigen Geist' wider-spiegelt, sind die negativen Emotionen des diversiven Neugierverhaltens. Die zuvor noch unbekannte Insel stellt nun eine reizar-me, monotone Situation dar, sodass 'Langeweile' auftritt und die Kategorie A1c_Diversives Erleben rechtfertigt. Kategorie: A1a_Kognitives Erleben Begründung: Robinsons Sehnsucht nach Veränderung sowie die Schlüsselwörter 'Flügel', 'ganze Welt durchfliegen' können als Synonyme für 'Erlebnisdrang', 'andere Länder erleben', 'unter-wegs sein' und auch 'auf Entdeckungen gehen, ein

			Risiko auf sich nehmen' gesehen werden und das 'Kognitive Erleben' rechtfertigen.
R6	„Da er nun den Portugisischen Schifskapitain bereit fand, ihn mitzunehmen, und da er hörte, daß das englische Schif wenigstens noch vierzehn Tage hier stil liegen müsse: so konte er der Begierde, weiter zu reisen, nicht länger widerstehen" (CAMPE 1981, S. 43).		Schlüsselwörter: Begierde weiter zu reisen Kategorie: A1a_Kognitives Erleben Begründung: Die Begierde weiter zu reisen spiegelt sich im Neugierigsein auf etwas besonders und im Erlebnisdrang wider. Da keine Rede von 'neuartigen Reizen' ist, wird das Spezifische Erleben ausgeschlossen und die Kategorie A1a_Kognitives Erleben als intrinsische Motivation gerechtfertigt.